Reinhold Werner

Atlas des Seewesens

REPRINT – VERLAG
LEIPZIG

Die zum Teil geminderte Druckqualität ist auf den
Erhaltungszustand der Originalvorlage zurückzuführen.

Biobliographische Information der Deutschen Nationalbibliothek
Die Deutsche Nationalbibliothek verzeichnet diese Publikation in der
Deutschen Nationalbibliographie; detaillierte bibliographische
Daten sind im Internet über www.d-nb.de abrufbar.

Volker Hennig, Goseberg 22-24, 37603 Holzminden
www.reprint-verlag-leipzig.de
ISBN 978-3-8262-2311-2
ISBN 3-8262-2311-X

Neuausgabe der Originalausgabe von 1871
nach dem Exemplar der Universitätsbibliothek Leipzig
(Signatur: Milit. 178 c)

Lektorat: Andreas Bäslack, Leipzig
Texterfassung: Gerda Kaunath, Holzminden
Gesamtherstellung: Westermann Druck Zwickau GmbH

Atlas des Seewesens.

Von

Reinhold Werner,

Kapitän zur See in der kaiserlich deutschen Marine.

---

25 Tafeln in Stahlstich nebst erläuterndem Texte.

Separat-Ausgabe aus der zweiten Auflage des Bilder-Atlas.

Inhalt

Einleitung.

Eins der ältesten Gewerbe der Menschheit, jedenfalls aber einer der wichtigsten Faktoren für die Entwicklung und Verbreitung der Kultur, ist die Schiffahrt gewesen. Was wir an geistiger Bildung und materiellem Wohlsein besitzen, verdanken wir hauptsächlich ihr. Sie war von jeher die Trägerin der Kultur, die sie befruchtend von Land zu Land verbreitete; sie vermittelte den Austausch der Ideen, sie führte die Menschen einander nahe und erhob sie aus der Nacht der Barbarei auf ihren jetzigen Standpunkt. Untrennbar von der Zivilisation steigt und sinkt sie mit ihr, und diese innige Wechselbeziehung läßt sich bis an die Grenze der historischen Zeit hinauf verfolgen. Wo wir erstere sich entwickeln sehen, dort blüht auch sogleich die Schiffahrt mächtig empor; wo eine Nation von ihrer geistigen Höhe herabsteigt, dort verfällt das Seewesen sofort.

Dauernde Macht, Ansehen, Bildung und Wohlstand verdanken im Laufe der ganzen Weltgeschichte die Völker nur ihren Flotten. Ägypten, die älteste uns bekannte Wiege der Kultur, herrschte auf dem Roten Meer und trieb lebhaften Seehandel mit Indien.

Als Griechenland auf dem Gipfel seiner Macht stand, war das Mittelmeer seinen Flotten untertan, und Rom konnte sich die Weltherrschaft erst sichern, nachdem es die karthagische und griechische Seemacht niedergeworfen hatte.

Mit Zerstörung des stolzen Römerreiches und mit dem Hereinbrechen der Barbarei des Mittelalters sank auch die Schiffahrt von ihrer Höhe auf die niedrigste Stufe zurück, um fast ein halbes Jahrtausend darauf zu verharren, bis das Licht der Zivilisation von neuem zu strahlen begann und das Seewesen sich in den letzten fünfhundert Jahren, anfänglich langsam, in neuerer Zeit aber ungemein schnell emporschwang, um zu der bewunderungswerten Vollkommenheit zu gelangen, in der wir es gegenwärtig erblicken.

Unser Stolz auf die Fortschritte in dieser Richtung wird jedoch etwas gedämpft, wenn wir an der Hand von Forschungen und Entdeckungen der neuesten Zeit die Schiffahrt des Altertums genauer in Betracht ziehen. Bisher war man gewohnt, mit einer gewissen Geringschätzung auf den Zustand und die Leistungen derselben herabzusehen, jedoch ist diese Geringschätzung vollständig ungerechtfertigt, und das antike Seewesen zwingt uns im Gegenteil die größte Hochachtung ab. Mit Ausnahme der Dampfkraft, welche in unserem Seewesen einen so gewaltigen Umschwung hervorgebracht hat, besitzt unsere Schiffahrt verhältnismäßig wenig, was nicht auch schon die seefahrenden Völker des Mittelmeers vor zweitausend Jahren gekannt und benutzt hätten. Ja, wie in der Kunst, finden wir auch in nautischen Dingen noch jetzt nachahmungswerte Vorbilder bei den alten Griechen und Römern, und in der Tat hat der moderne Schiffbau ihnen noch vor kurzem höchst wichtige Einrichtungen entnommen.

Eine kurze Skizze des antiken Seewesens wird dies bestätigen und dessen ungemein hohe Entwicklung kennzeichnen

Die Schiffahrt der Alten.

Ägypten.

Soweit historische Data auf uns gekommen sind, bringen sie auch Kunde vom Schiffahrtsbetrieb. Will man die Angaben der Bibel in Betracht ziehen, so verrät die Beschreibung von Noah's Arche schon einen hohen Standpunkt der damaligen Schiffbautechnik. Das Fahrzeug soll 300 Ellen lang, 60 Ellen breit und 30 Ellen tief gewesen sein. Es würde also ungefähr die Größe unseres Riesenschiffs Great-Eastern besessen haben. Indessen bieten diese Angaben einer Tradition wenig Zuverlässiges, wenngleich die darin enthaltenen Größenverhältnisse merkwürdigerweise denen unseres modernen Schiffbaues nahe entsprechen.

Positivere Nachrichten über den Zustand der alten Schiffahrt geben uns dagegen Entdeckungen der neuesten Zeit, und zwar 143 Darstellungen von altägyptischen Schiffen aus den Jahren 2500 – 1300 v. Chr. Diese Zeichnungen sind von dem Ägyptologen Dümichen im Jahre 1868 als Skulpturen auf den Wänden altägyptischer Gräber aufgefunden und von ihm veröffentlicht. Sie sind in so großem Maßstab ausgeführt und so genau gezeichnet, daß sie uns ein klares, anschauliches Bild der damaligen Zeit überliefern.

Die ältesten dieser Skulpturen aus der Mitte des 3. Jahrhunderts stellen Flußfahrzeuge vor. Die äußere Form derselben hat eine gewisse Ähnlichkeit mit unseren gegenwärtigen Elb- und Oderkähnen, d.h., sie sind flachgehend, langgestreckt, niedrig über Wasser und ihre Steven – die sie vorn und hinten begrenzenden Flächen – steigen nur in sehr schräger Linie vom Wasser aufwärts. Sie zerfallen in vier nach Größe verschiedenen Arten; die drei kleineren haben zur Fortbewegung nur Ruder, die vierte größte neben den Rudern auch Takelage, einen Mast und ein Segel. Die Zahl der Ruder (seemännisch Riemen) wechselt nach den Dimensionen der Fahrzeuge zwischen vier und neun an jeder Seite, und zwar zeigt sich stets nur eine Reihe Ruderer. Das Blatt (unteres breites Ende der Riemen) hat eine lanzettförmige, selten eine mehr runde Gestalt. Ein Steuerruder (seemännisch Ruder) in einer der heutigen ähnlichen Weise, d.h. am hinteren Steven drehbar festgemacht, fehlt, und wird das Steuern durch zwei bis drei größere Riemen, jeder von einem Mann gehandhabt, vermittelt. Diese sowie alle anderen Riemen finden ihren Sitz- und Drehpunkt in Tauschleifen (Stroppen), die an der Bordwand befestigt sind. Alle größeren Fahrzeuge zeigen Überdachungen, die auf Pfeilern ruhen. Anker finden sich nirgends angegeben, Flußschiffe konnten sie auch entbehren. Der Mast bestand stets aus zwei senkrecht nebeneinandergestellten, nach oben konvergierenden und in gemeinschaftliche Spitze (Top) endigenden Bäumen. Er wurde durch ein Tau (Stag) nach vorn und durch mehrere solche (Wanten) nach hinten und seitwärts gestützt. Das aus Bast gefertigte viereckige Segel war mit seiner oberen Kante (Liek) an einer horizontalliegenden Segelstange (Rah) befestigt und wurde letztere mittels eines Taues (Fall), das über eine Rolle am Masttop lief, am Mast in die Höhe gezogen (gehißt). Um das Segel nach dem Wind zu stellen, befanden sich Taue (Brassen) an den Enden der Rah, die nach dem Hinterschiff führten, und andere Taue an den unteren Ecken (Halsen und Schoten), um diese nach vorn oder hinten zu ziehen. Die Masten waren zum Niederlegen eingerichtet.

Das Material der kleineren Fahrzeuge bestand aus Papyrusstauden, die, mattenartig geflochten und mit harzähnlichen Substanzen getränkt, große Schwimmkraft und Dichtigkeit besaßen; Kiel und Steven dagegen waren aus Holz. Die größeren Schiffe waren von Mimosenholz gebaut, und zwar wie noch jetzt die meisten unserer kleineren See- und Flußschiffe, in Klinker-Manier, d.h., die horizontalliegenden Planken fugten nicht gegen-, sondern übereinander, wie Jalousien. Um dem Bestreben der beiden Steven, sich nach unten zu senken, entgegenzuwirken, waren dieselben über Deck durch ein starkes Tau verbunden, das man mittels einer Winde sehr straff setzte, und das dem ganzen Bau mehr Halt gab. Das Tauwerk wurde, wie eine der betreffenden Darstellungen zeigt, in ganz ähnlicher Weise wie jetzt gefertigt, und zwar nach einer dabei stehenden hieroglyphischen Inschrift aus Flachs. Ebenso existierten damals schon die wichtigsten mechanischen Hilfsmittel der Schiffahrt, die Flaschenzüge. Die Skulpturen zeigen die Kloben (Blöcke) in genau derselben Gestalt, wie sie noch heute gebraucht werden, und von einem Tauring (Stropp) zur Befestigung an einem gewünschten Punkt umgeben.

Der von Herodot den größeren ägyptischen Fahrzeugen erteilte Name βàρec findet sich als bari auch auf den hieroglyphischen Inschriften. Die Bari konnten Lasten bis zu 5000 Zentnern tragen. Bis zum Jahre 2100 v. Chr. blieb Form und Einrichtung dieser Schiffe fast unverändert. Dann zeigte sich aber eine wichtige Verbesserung. Statt der losen Steuerriemen erscheint das feste Steuerruder, und zwar, wie es später im Altertum stets gebräuchlich, eins auf jeder Seite des Hinterteils am Schiff, jedoch beide über Deck verbunden, von einem Mann durch einen Hebel (Ruderpinne) gehandhabt und gleichzeitig nach derselben Richtung wirkend. Dies Ruder besteht aus einem Schaft und einem unteren breiteren Teil. Der Schaft führt durch eine Öffnung in das über Wasser liegende Hinterschiff und bewegt sich dort in einer Tauschnürung, durch welche er mit einem besonderen Ruderpfosten fest, aber so daß er sich drehen kann, verbunden ist. Die Befestigung unseres Ruders, das mit seiner vorderen Kante am Hintersteven in Angeln hängt, um die es sich dreht, kannte das Altertum nicht. Ebenso erscheinen um diese Zeit wesentliche Verbesserungen in der Takelage. Das Segel erhält auch an seinem unteren Ende eine Raa, wodurch seine Fläche straffer wird. Diese zweite Raa ist noch jetzt bei unseren Handelsschiffen an einzelnen Segeln in Gebrauch. Ferner zeigen sich alle diejenigen Taue zum Stützen der Rah gegen Bruch (Toppenanten) und zum Zusammenschnüren des Segels (Geitaue und Gordinge), welche wir gegenwärtig gebrauchen.

Während der nächsten vierhundert Jahre ist kein wesentlicher Fortschritt bemerkbar, denn die Darstellungen der Flußschiffe aus dem 17. Jahrhundert gleichen denen von 2100. Jedoch traten um diese Zeit zum ersten Mal Seeschiffe auf, und zwar beziehen sich deren Darstellungen auf eine Expedition, welche die Königin Ramaka, Frau des Thutmosis und nach dessen Tod regierende Königin, von der ägyptischen nach der arabischen Küste des Roten Meeres entsandte.

Die Form dieser Schiffe weicht wenig von der bisherigen ab, dagegen besteht jetzt der Mast aus einem Stück und trägt an seinem Top ein Gerüst zur Aufnahme von Kriegern, daß dem Mastkorb des Mittelalters und unserer heutigen Mars entspricht. Die beiden Steuerruder sind stärker konstruiert und besser befestigt, um dem Seegang zu widerstehen, und die Schiffe haben ein wirkliches Verdeck; dies geht aus einer Reihe von Fensteröffnungen hervor, die in die Bordwand geschnitten sind, um Licht in die unteren Räume zu lassen. Vorn und hinten sind außerdem Halbdecke (Back und Schanze unserer Schiffe) aufgesetzt, deren erhöhte Lage einen Überblick über das ganze Deck und die See gestattet. Das Segel ist gegen die früheren Flußschiffe niedriger, aber dafür breiter geworden, die Rah aus zwei in der Mitte durch Tauschnürungen verbundenen Stücken zusammengesetzt, um sie haltbarer und elastischer zu machen. Auch findet sich jetzt zum ersten Mal das Rack, d.h., ein um Mast und Rah gelegter Tauring, der letztere an ersterem festhält, jedoch ihr Hissen gestattet. Die Zahl der Riemen wächst bis 15 cm an jeder Seite, aber sie ruhen noch wie früher in Stroppen.

Die spätesten von Dümichen entdeckten Darstellungen gehören dem 14. Jahrhundert v. Chr. an, jedoch zeigen sie keine wesentlichen Veränderungen gegen das 17. Jahrhundert. Es folgt nun ein Zeitabschnitt von fast tausend Jahren, aus dem nur spärliche und ungenaue Nachrichten über das Seewesen der Alten auf uns gekommen sind. Bis zur Zeit des Trojanischen Krieges um das Jahr 1100 v. Chr. scheint dasselbe wenig Fortschritte gemacht zu haben, da die Homerische Beschreibung der griechischen Schiffe auf die früheren ägyptischen paßt. Sie hatten auch nur einen Mast, eine Reihe Ruderer, und die größten faßten 120 Mann.

Zur Zeit der Perserkriege um das Jahr 500 waren jedoch wieder große Veränderungen eingetreten. Statt einer Reihe Ruderer erscheinen deren drei übereinander, eine Einrichtung, die notwendig einen großen Einfluß auf den Bau der Schiffe üben mußte. Wahrscheinlich hatten die Phönizier, jenes kühne, unternehmende Seevolk, welches von 1500 – 500 v. Chr. an allen Küsten des Mittelmeeres Kolonien anlegte, diese Verbesserungen allmählich angebahnt. Über die Beschaffenheit ihrer Schiffe ist uns zwar bis zu den Punischen Kriegen nichts Genaues bekannt, indessen müssen jene schon um das Jahr 1000 v. Chr. verhältnismäßig sehr vollkommen gewesen sein, um die historisch feststehenden

Seefahrten der Phönizier über das ganze Mittelmeerbecken und selbst bis über die Meerenge von Gibraltar hinaus zu erklären. Auch wissen wir, daß sich die Phönizier von der Fahrt längs den Küsten losmachten und ihren Weg über das offene Meer mit Hilfe der Gestirne suchten.

Griechenland und Rom.

(Tafel 1 und 2)

Vom 5. Jahrhundert an mehren sich die Nachrichten über die Schiffahrt der Alten bedeutend, und verschiedene Schriftsteller haben uns eingehende Beschreibungen derselben hinterlassen. Bis vor kurzem konnte man sich trotzdem kein klares Bild von ihrem Zustand während der Zeit machen, als Rom, Karthago und Griechenland um die Herrschaft des Mittelmeeres stritten. Man vermochte sich namentlich nicht zu erklären, wie Schiffe mit 16-40 Ruderreihen übereinander eingerichtet sein sollten, von denen die alten Schriftsteller erzählten, und war geneigt, deren Angaben für arge Übertreibungen zu halten. Indessen sind in neuerer Zeit unanfechtbare geschichtliche Dokumente entdeckt, die nicht nur die Wahrheit jener Schilderungen bestätigen, sondern in ihrer großen Ausführlichkeit auch einen genauen Überblick in das Seewesen zur Zeit Alexander des Großen gestatten. Diese Dokumente sind unter dem Namen der „Attischen Seeurkunden" bekannt, und wir verdanken ihre Verwertung für die Kenntnis der antiken Schiffahrt ebenfalls den Forschungen deutscher Gelehrten, Prof. Böckh und Dr. B. Graser.

Im Jahr 1834 wurden bei Grundsteinlegung eines Magazins in Piräus einige dreißig Marmorplatten ausgegraben, deren Inschriften Böckh als eine Rechnungslegung der atheniensischen Kriegswerft-Behörde an das Volk entzifferte, wie sie damals auf der Akropolis öffentlich ausgestellt wurden. Die Platten stammten aus den Jahren zwischen 340 – 330 v. Chr., also aus der Zeit der höchsten Blüte Griechenlands. Ihre Angaben sind so genau und erschöpfend, daß es möglich gewesen ist, daraus ein atheniensisches Kriegsschiff der damaligen Zeit bis in seine kleinsten Details zu rekonstruieren, und zwar ist dies durch Graser mit einer Pentere (ein Schiff mit fünf Ruderreihen übereinander) geschehen. Das in ziemlich großem Maßstab erbaute Modell befindet sich im Museum in Berlin, und Taf. 1, Fig. 1-4, gibt ein getreues Abbild desselben.

Schon ein flüchtiger Blick auf die äußere Erscheinung der Pentere verrät den ungemein hohen Standpunkt der damaligen Schiffbautechnik. Er zeigt uns ein Fahrzeug, das an Zweckmäßigkeit und Eleganz der Bauart an Feinheit der Linien und Symmetrie nichts zu wünschen übrig läßt, und das sich unsere Baumeister noch jetzt in vielen Stücken zum Muster nehmen könnten.

Dem inneren Bau liegen dieselben Prinzipien zu Grunde wie heutzutage, und die Takelage unterscheidet sich von der gegenwärtig im Mittelmeer gebräuchlichen wenig. Sie ist den dortigen Witterungsverhältnissen angepaßt und darauf eingerichtet, um die dort heimischen plötzlichen Windstöße durch schnelles Fortnehmen der Segel unschädlich machen zu können. Nur unser Bugspriet, der vierte vorn schräg aus dem Schiff liegende Mast, fehlt; doch der Zweck der Schiffe verbot diese Einrichtung. Sie waren bestimmt, den Feind mit ihrem in der Wasserlinie liegenden Sporn niederzurennen, und es durfte mithin nichts über die Spitze dieses Sporns hinausragen, was den Stoß hätte abschwächen können. Aus demselben Grund ist auch der vordere Mast so viel niedriger, als der mittlere, er konnte nicht, wie bei unseren Schiffen, am Bugspriet Stütze finden und würde bei größerer Länge und heftigen Bewegungen des Schiffs abgebrochen sein.

Die Penteren (Fünfreihenschiffe) waren die größten damals gebräuchlichen Kriegsschiffe, sowohl bei den Griechen als auch bei den Karthagern. Das Gros der Flotten machten dagegen die kleineren T r i e r e n mit drei Reihen von Ruderern übereinander aus. Sie hießen im Gegensatz zu den mehr kurz und rund gebauten Handelsfahrzeugen „lange Schiffe" und wurden in bezug auf Bewegung hauptsächlich von Ruderern getrieben, während die Handelsschiffe fast ausschließlich auf ihre Segel angewiesen waren. Die Kriegsschiffe gleicher Klasse wurden auch nach demselben Modell gebaut und hatten gleiche Dimensionen. Die Penteren waren 168 Fuß lang und 26 Fuß breit, hatten einen Tiefgang von 13½ Fuß und eine Tragfähigkeit von 534 Tonnen (à 2000 Pfund), waren mithin von ungefähr gleicher Größe wie unsere heutigen kleineren Dampfkorvetten.

Die Zahl ihrer Ruderer betrug 155 an jeder Seite, und die ganze Besatzung belief sich auf 375 Mann, darunter jedoch nur 18 Seesoldaten, da, wie bemerkt, die Kämpfe durch gegenseitiges Niederrennen entschieden wurden und hierzu vor allem die Ruderer beitragen mußten. Schnelligkeit und Manövrierfähigkeit verschafften bei dieser Kampfweise den Sieg; deshalb wurde von den alten Seevölkern alles aufgeboten, ihren Schiffen diese Eigenschaften zu sichern. Die Kraft der Ruderer allein war für die Schnelligkeit nicht ausreichend, sie mußte auch durch den zweckmäßigen Bau und seinen Belauf der Linien unterstützt werden, und dies gab den Architekten einen steten Sporn, das Äußerste in dieser Richtung zu leisten und die vorteilhaftesten Formen zur Überwindung des Wasserwiderstandes zu finden. Deshalb waren die Schiffe im Verhältnis zu ihrer Breite sehr lang. Dies erforderte wieder einen starken Längsverband, um ein Brechen des Schiffs im Seegang zu verhüten, und so lag die Notwendigkeit vor, die Schiffbautechnik nach jeder Richtung hin hoch auszubilden.

Von der inneren Konstruktion, dem Gerippe des Schiffes, geben Taf. 1, Fig. 2 und 3, Abschnitte des Vorder- und Hinterteils, eine Anschauung. Fig. 2 zeigt außerdem Form und Befestigung des aus Balken gebildeten und mit

Metallkappe versehenen Sporns. Der darüber befindliche Balken mit dem Widderkopf ist ein zweiter Sporn, teils um das feindliche obere Schiff zu zerstören, teils um bei fehlgehendem Stoß das eigene zu schützen.

Fig. 4 zeigt den Querschnitt der Pentere und das Arrangement der Ruderer. Man dachte sich früher die einzelnen Ruderreihen immer durch Verdecke voneinander getrennt, und da die Höhe derselben mindestens 3 Fuß hätte betragen müssen, so würde die oberste Reihe eines Sechzehnreihenschiffes 50 Fuß über Wasser gelegen haben; deshalb hielt man solche Schiffe für Märchen.

Jene Trennung durch Verdecke war aber n i c h t vorhanden, und jeder sitzende Ruderer bedurfte, wie die Zeichnung veranschaulicht, nur eines Profils von 2 Fuß Höhe, da sein Kopf sich zwischen den gespreizten Beinen des über ihm sitzenden Ruderers bewegte. Diese Höhe wurde durch die ausfallende Form der Schiffswände über Wasser noch geringer, und die vertikale Entfernung der einzelnen Riemen belief sich deshalb bei einem Fünfreihenschiff nur auf 1¼ Fuß.

Rechnet man nun die unterste Reihe 3 Fuß über Wasser liegend, so ergibt sich für die fünfte nur eine Höhe von 8 Fuß und eine Länge für deren Riemen von 19½ Fuß.

Bei einem Zehnreihenschiff stellten sich diese Zahlen auf 14¼ und 34½ Fuß, und es liegt deshalb auch kein Grund vor, an der Existenz von seetüchtigen Sechzehnreihenschiffen zu zweifeln, die Demetrios Poliorketes zuerst baute, und deren Rudergerüst er so einrichtete, daß die obersten Riemen nur 27 ¾ Fuß lang waren.

Fig. 4 zeigt, daß die längeren Riemen nicht viel schwerer zu regieren waren als die kurzen, da sich ein um so größeres Stück desselben innenbords befand, das außerdem mit Blei beschwert war, um dem äußeren Teil das Gegengewicht zu halten. Die zur Verminderung der Reibung mit Metall gefütterten Kojepforten in der Bordwand waren außen mit einem Lederschlauch benagelt. Durch einen Schlitz in demselben wurde der Riemen gesteckt, und der Schlauch verhinderte, daß Seewasser durch die Pforten in das Innere des Schiffes drang. Wurden die Riemen beim Segeln eingenommen, um zu segeln, so spannte man über die Ruderreihe einen Segeltuchstreifen. Dieser drückte die Lederschläuche gegen die Schiffswand und verhinderte das Eindringen von Wasser.

Die innere Raumverteilung der Penteren geht ebenfalls aus Fig. 4 hervor. Die Schiffe hatten drei Decke; das untere schloß den R a u m ab, in dem sich der nötige Ballast befand und Vorräte aufbewahrt wurden. Die Räume zwischen den beiden oberen Verdecken dienten zum Aufenthalt für die Mannschaft. Sie waren in der Längsrichtung des Schiffes durch vertikale, aber durchbrochene Wände von den Rudergerüsten getrennt, und die Ruderer begaben sich durch jene Durchbrechungen auf ihre Plätze. Das obere Deck war nur so breit wie das Schiff in der Wasserlinie, und von einem Geländer umgeben. Seitlich von den überdeckten Rudergerüsten, also in der größten Breite des Schiffes, befanden sich die von unserer jetzigen S c h a n z k l e i d u n g umgebenen Laufplanken, auf denen sich die Mannschaft von vorn nach hinten bewegen konnte. Außerdem wurden von hieraus noch Hilfsriemen in Bewegung gesetzt, deren jede Pentere 42 besaß, für die 18 Soldaten und 24 Matrosen, welche sich außer den 310 Ruderern an Bord befanden.

Vorn und hinten hatten die Schiffe ein Halbdeck (Fig. 1), zu denen kleine Treppen führten, und auf dem hinteren Halbdeck erhob sich wie ein Souffleurkasten das Steuerhaus für den das Schiff steuernden Matrosen. Fig. 1 zeigt auch die Konstruktion der Steuerruder, die wir in neuester Zeit bei den großen Panzerschiffen wieder adoptiert haben, weil sie den Schiffen bessere Manövrierfähigkeit gibt als die bisher gebräuchliche. Die deutsche Panzerfregatte König Wilhelm besitzt ein solches Balanceruder, wie es genannt wird. Ebenso ist der Sporn der Panzerschiffe dem Altertum entlehnt und unsere fernere Kampfweise zur See wird genau die der Griechen vor 2000 Jahren sein. Die Taktik wird in dem gegenseitigen Niederrennen gipfeln, und ebenso wie damals werden auch heute die Geschütze in zweite Reihe kommen, da sie gegen die Eisenpanzerung nicht viel mehr wirken als die Katapulten und Skorpione der Penteren gegen die feindlichen Holzwände.

Die Vorrichtungen zum Ankern und Ankerlichten entsprachen im großen Ganzen den heutigen. Die Anker besaßen auch schon die jetzige Form und waren aus Eisen gefertigt. Jede Pentere hatte deren vier an Bord, und die Ankertaue waren aus Binsen oder spanischem Hanf gefertigt. Neben den eisernen doppelarmigen Ankern existierten jedoch auch noch einarmige hölzerne mit eisenbeschuhter Spitze, wie sie in älterer Zeit gebräuchlich waren (Taf. 2, Fig. 5 und 4).

Wenngleich wir nur über das griechische Seewesen aus jener Zeit so genaue Nachrichten besitzen, dürfen wir annehmen, daß die Schiffahrt der Karthager, welche den westlichen Teil des Mittelmeeres beherrschten, auf mindestens gleicher Stufe stand, um so mehr, als sie die Nachkommen der als Seefahrer so berühmten Phönizier waren und ihre ganze Macht sich auf die Flotte stützte.

Die Schiffahrt der Römer war jedoch zu jener Zeit noch sehr zurück. Sie verdankten ihre bisherigen Erfolge dem Landheer und blickten deshalb auf das Seewesen verächtlich herab. Erst der erste Punische Krieg brachte ihnen eine andere Überzeugung bei, und sie gingen nun mit unglaublicher Energie an den Bau einer Flotte, wobei sie sich ein an ihren Küsten gestrandetes karthagisches Kriegsschiff zum Muster nahmen. Sie sollen in der Zeit von zwei Monaten dann 120 Schiffe gebaut haben. Da es ihnen jedoch an Seeleuten zur Bedienung und zum geschickten Manövrieren der Schiffe fehlte, so suchten sie sich durch veränderte Taktik die Überlegenheit zu sichern, indem sie ihre Landkampfweise auf die See übertrugen. Sie besetzten ihre Schiffe mit Soldaten; führten Türme und Fallbrücken ein, enterten die feindlichen Schiffe und eroberten sie durch die Masse ihrer Soldaten.

Diese Taktik erwies sich als so vortrefflich, daß die Römer schon um das Jahr 241 bei Mylae einen vollständigen Seesieg über die Karthager erfochten. Zum Andenken an denselben wurde auf dem Forum von Rom die Columna rostrata (Taf. 2, Fig. 3) errichtet, eine Säule, die mit den Schnäbeln (rostra) der eroberten feindlichen Schiffe geschmückt war. Um das Jahr 200 v. Chr. wurde Karthagos Seemacht von den Römern vollständig vernichtet, und bis zum Beginn unserer Zeitrechnung unterlag auch Griechenland und der ganze Orient ihren Flotten. Fig. 5 bis 9 von Taf. 1 geben Darstellungen von Vor- und Hinterteilen römischer Schiffe jener Zeit, wie sie auf Münzen, Wandgemälden und Monumenten abgebildet sind.

Zur Zeit der Seeurkunden stand jedoch das Seewesen des Altertums, so hoch ausgebildet es auch schon war, noch nicht auf dem Gipfel seiner Blüte. Alexander der Große erbaute Zehn-, sein Feldherr Demetrios Poliorketes Sechzehnreihenschiffe, Ptolemäus Philopator sogar ein Vierzigreihenschiff, das sich jedoch see- und kriegsuntüchtig zeigte. Es war 560 Fuß lang, 76 Fuß breit und 100 Fuß hoch und hatte eine Besatzung von 4000 Ruderern, 400 Matrosen und 2850 Soldaten.

Die höchste Vollendung des antiken Schiffbaues finden wir aber in der von Hiero II. um das Jahr 264 v. Chr. nach einer Konstruktion von Archimedes erbauten Syracoseia, welche Hiero an Ptolomäus II. von Ägypten schenkte, und von der wir eine genaue Beschreibung besitzen. Das Schiff war ein mit drei Masten, deren jeder wie unsere heutigen Vollschiffe Rahen trug, versehenes Segelschiff von 4200 Tonnen Gehalt, also etwa so groß wie die jetzigen Panzerfregatten, hatte 1000 Mann Besatzung und war das einzige Schiff des Altertums, dessen Boden zum Schutz gegen Anwuchs und Bohrwurm einen Beschlag von Metallplatten, und zwar von Blei, hatte. Mit der Syracoseia hatte das antike Seewesen jedoch seinen Höhepunkt erreicht.

Die Taktik der Römer, welche mit deren wachsender Herrschaft immer mehr zur Geltung kam, bedurfte für die schwerfälligen Einrichtungen ihres Massenkampfes mehr Tragfähigkeit und deswegen vollere und plumpere Formen der Fahrzeuge. Es kam fortan weniger auf Geschwindigkeit als auf Tragkraft an, es verloren sich die feineren Linien, und der Schiffbau stieg allmählich von seiner Höhe herab. Was indessen an den Formen verloren ging, suchte man durch innere Pracht und luxuriöse Ausstattung zu ersetzen, und die mit Beginn unserer Zeitrechnung eintretende Verweichlichung übertrug sich auch auf die Einrichtung der Schiffe. So z.B. wissen wir von dem Schiff, auf dem Kleopatra 30 Jahre v. Chr. den Antonius in Cilicien besuchte, daß sein ganzes Hinterteil vergoldet und die Riemen versilbert waren. Die Segel bestanden aus purpurgefärbter Seide, und auf dem Schiff befanden sich Blumengärten, Springbrunnen und prachtvoll geschmückte Zimmer.

Aus der Zeit der Ptolomäer, welche sehr viel für den Aufschwung der Schiffahrt taten, ist auch noch die Erbauung des ersten Leuchtturms auf der Insel Pharus bei Alexandria zu erwähnen. Er wurde von Ptolemäus Lagi um 290 v. Chr. begonnen und von dessen Sohn Philadelphus vollendet. Derselbe hatte vier Stockwerke, war ganz aus weißem Marmor ausgeführt und soll 400 Fuß hoch gewesen sein (Taf. 2, Fig. 2). Auf seiner Spitze brannte ein Holzfeuer.

Als die Römer sich das ganze Mittelmeer unterworfen hatten und die Gelegenheit zu größeren Seekriegen fehlte, sank auch das Seewesen immer mehr. Eine Zeit lang wurde es noch durch Naumachien, Schiffskämpfe auf künstlichen Seen, gehalten. Domitian ließ ein solches elliptisches Bassin von 1300 Fuß Länge und 200 Fuß Breite bauen, in dem 30 Dreireihenschiffe manövrieren konnten. Dieselben wurden mit Sklaven und Kriegsgefangenen bemannt und mußten bis auf den Tod miteinander kämpfen (Taf. 2, Fig. 1). Das letzte Kampfspiel dieser Art gab Aurelian im Jahre 273 n. Chr., als er die Königin Zenobia besiegt hatte.

Danach verfiel das Seewesen im Mittelmeer, wo es überhaupt im Altertum allein geblüht hatte, sehr schnell, und mit der Zerstörung des weströmischen Reichs sank es auf eine niedrige Stufe herab, um sich erst ein halbes Jahrtausend später wieder zu erheben.

Die Schiffahrt im Mittelalter.

(Tafel 2, 3, 4 und 5.)

400 – 1500 n. Chr.

Bis zum Verfall des römischen Reiches hatte sich das Seewesen, insofern es überhaupt diesen Namen verdient, lediglich im Mittelpunkt der damaligen Kultur, an den Küsten des Mittelmeeres, entfaltet. Als es sich zum zweiten Mal entwickelte, erhielt es hauptsächlich den Impuls von nordischen Völkern, und es dankt diesen zum größten Teil seine gegenwärtige Vollkommenheit.

Von Seiten des oströmischen Reiches wurde im Mittelmeer im Jahr 533 unter Justinian durch Belisar zwar noch ein großer Seezug gegen die Vandalen unternommen und soll die Flotte 500 Segel stark gewesen sein, indessen waren diese Schiffe schwach und klein und mit den früheren Vielreihenschiffen nicht zu vergleichen.

Im 9. Jahrhundert kam die Seemacht Genuas und Venedigs zu größerer Bedeutung, namentlich die letztere. Sie verfügte über eine große Anzahl Schiffe, doch erreichten diese lange nicht die technische Vollendung des Altertums. Die besten derselben waren die G a l e e r e n, die sich bis in die Mitte des 17. Jahrhunderts erhielten und von denen Taf. 3, Fig. 3 ein Bild gibt. Hierbei ist jedoch zu bemerken, daß die abgebildete Galeere aus dem 16. Jahrhundert stammt; aber nimmt man die Bewaffnung mit Geschützen aus, so sieht man auf den ersten Blick, selbst bei diesem späten Modell, wie ungleich vollkommen die Penteren vor nahe 2000 Jahren gebaut waren. Namentlich ist ein bedeutender

Rückschritt in der Betakelung erkennbar, und dies, sowie die niedrige Lage der Fahrzeuge über Wasser, mußte ihre Seetüchtigkeit sehr beeinträchtigen.

Im Norden Europas sehen wir zuerst die Sachsen als seefahrendes Volk auftreten. Nach den uns überkommenen Nachrichten waren ihre Fahrzeuge nur große Boote aus Weidengeflecht mit Tierhäuten überzogen und mit einem Mast und Segel, und wir haben nur die Kühnheit zu bewundern, mit der diese Völkerschaften sich in so gebrechlichen Fahrzeugen dem Meer anvertrauten, wenngleich gerade diese Kühnheit ihnen später die erste Rolle auf dem Ozean sichern sollte.

Nach der Besitznahme Englands taten die Sachsen jahrhundertelang nichts für die Ausbildung der Schiffahrt, bis Alfred der Große im Jahr 871 zu der Überzeugung gelangte, daß er nur mit Hilfe einer Flotte den seeräuberischen Einfällen der Dänen die Spitze bieten konnte. Er baute eine Zahl großer Galeeren von 60 und mehr Riemen und schlug damit die Dänen zurück. Sein Sohn Edgar trat in seine Fußstapfen, und nach Angabe von Chronisten soll unter ihm die englische Flotte aus nicht weniger als 3600 Schiffen bestanden haben, über deren Größe uns jedoch nichts bekannt ist.

Der nächste Zeitpunkt, aus dem wir Genaueres über das nordische Seewesen wissen, ist das 11. Jahrhundert. Wir besitzen eine genaue Zeichnung von den Schiffen Wilhelm's des Eroberers, welche die Normannen nach England führten und von denen Taf. 2, Fig. 7 eine Abbildung gibt. Im Vergleich zum Altertum waren diese Schiffe sehr kurz, die Takelage mangelhaft, und wenn auch keine Riemen dargestellt sind, müssen die Fahrzeuge wegen ihrer unvollkommenen Segeleinrichtung solche gehabt haben, indessen unterscheidet sich ihre Bauart auch in zwei Punkten vorteilhaft von den Penteren. Im Altertum waren Vorder- und Hinterteil gleich geformt, bei den normannischen Schiffen dagegen fand dies nicht statt, und wir sehen in ihnen den Übergang zur heutigen Schiffsform, welche eine größere Seetüchtigkeit darbietet. Der rundlich ausgebauchte, oben überhängende Bug (Vorderteil der Schiffe) ist zwar ungünstiger für Schnelligkeit, als die keilartige, scharfe Form der antiken Fahrzeuge und Galeeren, indessen viel geeigneter, um beim Teilen der Wellen diese seitwärts zu werfen und zu verhüten, daß sie über das Vorderdeck brechen. Das Hinterteil ist nicht wie bei den antiken Schiffen über Wasser scharf, sondern breit und fast viereckig gestaltet, und an Stelle der früher gebräuchlichen zwei Steuerruder ist jetzt nur eins vorhanden, das in der Weise wie heute befestigt ist, d.h., das Vorderteil seines Blattes ist an dem unter Wasser steil und in gerader Linie aufsteigenden Hintersteven drehbar angehakt, und sein Schaft geht durch eine runde Öffnung im Hinterteil des Schiffs innenbords.

Nach den auf den Schiffen befindlichen Menschen zu rechnen, waren erstere nicht groß, sondern höchstens 50 bis 60 Fuß lang, und wenn die Zeichnung richtig ist, so ließ die Schiffbautechnik noch manches zu wünschen übrig. Die Planken sind so kurz, daß sie wenig Verband geben konnten.

Wilhelm verbrannte seine Schiffe, als er in England gelandet war, und die ersten normannischen Herrscher taten nicht viel für den Aufschwung der Schiffahrt; am Ende des 12. Jahrhunderts erhielt dieselbe jedoch einen mächtigen Impuls durch den allgemein werdenden Gebrauch des Kompasses und durch die Kreuzzüge.

Ersterer, obwohl noch in roher Gestalt, machte es möglich, die Küstenschiffahrt zu verlassen und größere Reisen mit mehr Sicherheit zu machen, was natürlich auch Größe und Bau der Schiffe beeinflußte, und die Kreuzzüge brachten Flotten der verschiedensten Nationen auf einem Punkt zusammen, was wiederum nur zu gegenseitiger Vervollkommnung der Schiffe führen konnte.

Die Genueser, Venetier und Sarazenen im Mittelmeer bauten in jener Zeit Fahrzeuge von großen Dimensionen, die nordischen Schiffe waren kleiner, aber seetüchtiger, und so profitierte einer vom andern. Ein venetisches Schiff, die Sta.-Maria, das im 13. Jahrhundert wegen seiner Größe berühmt war, hatte eine Länge von 125 Fuß. Im 14. Jahrhundert waren die Spanier wegen ihrer großen Schiffe bekannt; einige derselben sollen zwei und drei Decks gehabt haben, und 1334 wurden vier katalonische Schiffe mit zusammen 1980 Mann Besatzung von zehn genuesischen Galeeren erobert. Bis zu dieser Größe verstieg man sich noch nicht im Norden Europas, obwohl die aufblühende Hanse das Seewesen bedeutend hob.

Die Zahl der Schiffe war stets sehr groß zu jener Zeit. So z.B. standen in der Seeschlacht bei Sluys im Jahr 1340 400 französische gegen 240 englische Schiffe, jedoch soll sich ihre durchschnittliche Besatzung nur auf 100 Mann belaufen haben, und sie können deshalb nicht groß gewesen sein. Der Taf. 3, Fig. 4 abgebildete Kauffahrer aus dem Mittelmeer zeigt die Beschaffenheit dieser Fahrzeuge im 13. Jahrhundert; es waren plumpe, unbeholfene und dabei kleine Gebäude.

Im Laufe des 15. Jahrhunderts wuchsen die Dimensionen der Schiffe bedeutend, obwohl ein Tonnengehalt von 5 – 600 Tonnen, wie ihn die Penteren hatten, immer noch etwas Ungewöhnliches war. 1455 wird jedoch ein schwedisches Schiff von sogar 1000 Tonnen Gehalt erwähnt.

Um diese Zeit wurden zuerst Kanonen an Bord der Schiffe eingeführt, und sie veränderten den bisherigen Bau der letzteren. Bis dahin fielen die Seitenwände der Schiffe mehr nach außen, namentlich bei den Galeeren; mit Einführung der Geschütze zog man sie jedoch bedeutend nach innen, um das große Gewicht der ersteren mehr nach der Mitte des Schiffes zu konzentrieren. Anfänglich war dies Einziehen der Seiten so groß, daß der Querschnitt des Schiffs über Wasser fast wie ein Dreieck mit abgeschnittener Spitze erschien. Später wurde es geringer, aber mehr oder minder hat es sich bei den Kriegsschiffen bis zum Anfang unseres Jahrhunderts erhalten.

Mit dem Ende des 15. Jahrhunderts begann das Zeitalter der Entdeckungen.

Die Schiffe von Kolumbus, Cabot und Amerigo Vespucci waren zwar noch klein und schwach, aber mit der Entdeckung Amerikas und Ostindiens trat für die Seestaaten mehr als je die Überzeugung zu Tage, daß nur tüchtige Flotten ihren Anteil an den neu entdeckten Ländern fördern und damit Reichtum, Macht und Ansehen geben konnten, und wir sehen deshalb mit dem 16. Jahrhundert die Schiffahrt einen plötzlichen und großartigen Aufschwung nehmen.

Taf. 3, Fig. 1 und 2 geben Ansichten von königlich englischen Schiffen, welche zu den größten und besten ihrer Zeit gehörten.

Der um 1513 gebaute Henry Grâce à Dieu war ungefähr 1000 Tonnen groß, aber noch ein plump und irrational konstruiertes Schiff. Wir sehen vorn und hinten einen massigen Aufbau, der weder der Kunst noch der Seefähigkeit Rechnung trägt. Das Fahrzeug ist mit einer Unzahl von Geschützen (100 von verschiedenem Kaliber, Zweiunddreißigpfünder bis Zweipfünder) überbürdet, deren Gewicht in Verbindung mit dem schweren Hinter- und Vorderkastell den Schwerpunkt des Schiffes sehr hoch gelegt haben muß, wodurch es natürlich ein schlechtes Seeschiff wurde.

Die Takelage ist, obwohl die Riemen verschwunden sind und die Segelkraft das einzige Bewegungsmittel geworden, noch ziemlich mangelhaft. Die vier Masten sind scheinbar ohne Verständnis der Segelwirkung gestellt. Der vordere steht fast auf der vorderen Spitze des Schiffes, und die drei übrigen hinter der Mittellinie ganz nahe zusammen. Das Bugspriet ist noch ein loser Baum, an dem der vordere Mast keine Stütze finden kann; die Masten bestehen noch aus einem Stück, und die Rahen sind an ihnen so schlecht befestigt, daß ein Sturm ihnen sehr gefährlich werden mußte.

Der Große Harry, Taf. 3, Fig. 2, aus dem Jahr 1550 zeigt dagegen schon bedeutende Fortschritte nach jeder Richtung. Die Form des Unterschiffs ist eine elegantere und zweckmäßigere geworden. Das Hinterkastell ist zwar noch hoch, aber das vordere ist ziemlich verschwunden und das Schiff durch diese Erleichterung fähiger geworden, sich leicht über die Wellen zu heben. Die Masten bestehen zwar auch noch aus einem Stück, aber sie sind mit Rücksicht auf die Segelwirkung besser im Schiff platziert.

Bis zur Regierung Heinrich's VIII. (gest. 1547) besaß England keine ständige Kriegsmarine, trotz der fortwährenden Kämpfe mit Frankreich. Die Landesschiffe wurden je nach Bedarf für Handels- und Kriegszwecke verwandt und unterschieden sich deshalb nicht in ihrer Bauart. Heinrich VIII. gründete jedoch eine besondere Kriegsmarine und war deshalb der eigentliche Schöpfer der englischen Seemacht. Unter seinen nächsten Nachfolgern wurde dieselbe zwar wieder vernachlässigt, indessen nahm sich die Königin Elisabeth desto mehr die Vervollkommnung der Schiffahrt zu Herzen, und die beabsichtigte Invasion Englands von seiten Philipp's II. von

Spanien durch die berühmte Armada im Jahre 1588 trug hauptsächlich dazu bei, daß die Engländer fortan im Seewesen die Führung aller anderen Völker nahmen.

Die Armada bestand aus 133 Schiffen mit zusammen 30000 Mann Besatzung und 2630 Geschützen; die englische dagegen aus 179 Segeln; davon gehörten indessen nur 34 der königlichen Marine an, alle übrigen waren für Kriegszwecke ausgerüstete Handelsschiffe. Die spanischen Schiffe übertrafen die englischen an Größe fast um das doppelte. Der Tonnengehalt der Armada betrug 58000, der der englischen Flotte nur 30000. Bekanntlich zerstörte ein Sturm die spanische Flotte, und von ihren 133 Schiffen kamen nur 53 in die Heimat zurück, aber trotzdem hatte die drohende Invasion den Engländern die Überzeugung gebracht, daß die Sicherheit ihres Landes auf ihrer Flotte beruhe, und seit dieser Zeit datiert das Übergewicht der englischen Seemacht.

Im Mittelmeer machte der Schiffbau ebenfalls Fortschritte. Venedig und Genua leisteten in dieser Beziehung das meiste, und die benachbarten Spanier und Portugiesen folgten ihnen nach. Die Galeeren kamen als Handelsschiffe allmählich außer Gebrauch, während sie sich als Kriegsfahrzeuge noch länger erhielten, und die Segelkraft fand immer mehr Aufnahme, weil sie weniger Menschen beanspruchte und deshalb weniger Kosten verursachte.

Taf. 3, Fig. 3 und 5 zeigen eine venetianische Kriegsgaleere aus der Mitte des 16. Jahrhunderts und eins der großen genuesischen Handelsschiffe, welche Caraccas hießen, aber in jenen unruhigen Zeiten ebenso wohl mit Geschützen bewaffnet und als Kriegsschiffe verwendet wurden, wenn dies erforderlich war.

Die Caracca besitzt drei Masten mit Raaen wie unsere heutigen Vollschiffe, wenn auch erstere immer noch aus einem Stück bestehen. Die Bauart des Unterschiffs ist der des Großen Harry sehr ähnlich, jedoch finden wir im Schnabel der Caracca schon eine der heutigen sich nähernde und oben mit Voluta zurückliegende Form, während der Schnabel des Großen Harry noch unförmlich lang, unschön und unzweckmäßig ist.

Die Caracca besaß gute Seeeigenschaften und wurde deshalb auch das beliebte Modell für die Schiffe der nordischen Hanse. Sie erhielt hier den Namen Kogge, und aus ihr hat sich allmählich das jetzige Kauffahrteischiff der Ostsee gestaltet, das sich von dem der Nordsee noch jetzt durch seine größere Plumpheit unvorteilhaft unterscheidet.

Im 16. Jahrhundert machte der Schiffbau, namentlich der von Kriegsschiffen, ganz bedeutende Fortschritte. Die Fahrzeuge werden bedeutend größer, sorgfältiger und dauerhafter konstruiert, und man beginnt den Boden derjenigen, welche tropische Meere befuhren, zum Schutz gegen den Bohrwurm mit Kupferplatten zu beschlagen. Die Zahl der Masten wird auf drei reduziert, und sie bestehen nicht mehr aus einem Baum, sondern sie erhalten Aufsätze (Stengen). Ebenso ist das Bugspriet nicht mehr lose und bildet wie heutzutage die Grundlage für das Stützen der Masten und Stengen nach vorn durch besondere Taue (Stage). Die Takelage erhält im allgemeinen ihre jetzige

Einrichtung, nur die an den Stagen fahrenden dreieckigen Stagsegel fehlen noch, namentlich der Klüver, der zwischen Bugspriet und der Stenge des Fockmastes fährt, und den jetzt jedes Schiff hat. Dafür haben die früheren Schiffe ein Raasegel unter dem Bugspriet, die Blinde, welche man jetzt nicht mehr kennt.

Das berühmteste Schiff jener Periode ist der Royal Sovereign (Taf. 5, Fig. 2), der erste englische Dreidecker. Er wurde 1637 erbaut, seine Länge betrug 170 Fuß zwischen den Perpendikeln und 232 von der vorderen zur hinteren Spitze; seine größte Breite 48. Das größte Kriegsschiff unter Königin Elisabeth war ebenso breit bei 150 Fuß Länge und die früheren Schiffe verhältnismäßig noch kürzer. Wir sehen also ein allmähliches Wachstum der Länge in Bezug auf Breite, wie es sich seitdem immer mehr herausgebildet hat und für Vermehrung der Geschwindigkeit von Schiffen notwendig ist. Taf. 5, Fig. 4-7 geben den Konstruktionsriß und die Linien des Royal Sovereign, welche letztere schon eine ziemliche Feinheit für Überwindung des Wasserwiderstandes zeigen. An Fig. 7 nehmen wir deutlich die eingezogenen Seiten des Schiffs wahr, jedoch beginnt dieses sich nach oben wieder zu verbreiten, und die frühere Dreiecksform des Querschnitts verliert sich.

Fig. 3, Taf. 5 stellt die erste, 1640 erbaute englische Fregatte, den Speaker, dar. Sie hat eine Reihe schwerer Geschütze unter Deck; eine zweite auf dem Deck besteht nur aus leichten Kalibern, die überdem nicht aus viereckigen Stückpforten, sondern durch enge runde Öffnungen schießen, die keine Seitenrichtung gestatten.

Während der Royal Sovereign noch den langen spitzen Schnabel der früheren Zeiten trägt, gestaltet sich der Bug des Speaker bereits in unserer heutigen Form, d.h. der Schnabel (Gallion) steigt steiler aufwärts und biegt sich oben zurück, wie bei der Caracca (Taf. 3, Fig. 5).

Bis zur Mitte des 18. Jahrhunderts sind die Fortschritte des Schiffbaues nicht sehr bedeutend. Nur wächst das Verhältnis zwischen Breite und Länge allmählich. Unter Elisabeth war es 1:3, fünfzig Jahre später ist es 1:3½, zu Ausgang des 17. Jahrhunderts finden wir die größten (80-Kanonenschiffe) Dreidecker 156 Fuß lang und 40 Fuß breit, also das Verhältnis fast wie 1:4. Die Bekupferung der Böden wird allgemeiner und dadurch die Verwendung von Kupferbolzen bedingt, weil Kupfer und Eisen im Seewasser einen galvanischen Strom erzeugen, der das Eisen sehr schnell verzehrt. Ebenso wird die Zahl der Geschütze gegen früher geringer, dagegen das Kaliber größer.

Gegen den Beginn des 18. Jahrhunderts jedoch schien England in Bezug auf Schiffbau von anderen Nationen wieder überflügelt zu werden, namentlich von Franzosen und Spaniern, deren Schiffe nicht allein größer waren, sondern auch besser segelten und mehr Seetüchtigkeit besaßen. Die Engländer erfuhren dies zu ihrem Nachteil in der langen Reihe von Seekriegen, die sie mit geringen Unterbrechungen fast ein halbes Jahrhundert mit jenen Ländern führten, und sie begannen deshalb auf den Bau ihrer Schiffe wieder größere Aufmerksamkeit zu richten.

Taf. 4, Fig. 1 und 2 geben die Ansicht eines französischen und spanischen Linienschiffs (Zweidecker 74 Kanonen) aus dem Jahre 1750, beide von den Engländern erobert.

Fig. 4 zeigt zwei englische Dreidecker und einen Zweidecker aus dem Jahre 1801, Fig. 3 einen englischen Dreidecker (120 Kanonen) aus dem Jahre 1828. Man sieht, daß in den Rümpfen dieser Schiffe aus so verschiedenen Epochen nur wenig Unterschied herrschte. Taf. 6 erläutert dies noch mehr in den Zusammenstellungen der Vor- und Hinterteile (Bug und Heck) der besten englischen und französischen Schiffe aus der Mitte des 18. Jahrhunderts.

Das englische Linienschiff (Fig. 3 und 4) hat nur etwas mehr eingezogene Seiten als der Invincible (Fig. 1 und 2). Das englische Linienschiff von 1820 (Fig. 5 und 6) nähert sich jedoch dem Invincible sehr, und der Typus des letzteren ist mit geringfügigen Abweichungen bis zur Einführung des Dampfes in die Schiffahrt maßgebend geblieben. Zu diesen Abweichungen gehört die veränderte Form des Hecks. Bis 1820 war dieselbe allgemein platt. Wenn ein Schiff jedoch bei heftigem Sturm gerade vor dem Wind segelt, so kann es vorkommen, daß einzelne Wellen größere Geschwindigkeit haben, als das Schiff selbst und deshalb gegen das Heck anprallen. Ist dieses flach, so fängt es den ganzen Stoß der Welle auf und kann eingeschlagen werden. An einem runden oder vielmehr elliptisch geformten Heck zerteilt sich jedoch die Kraft des Stoßes, und diese Form ist deshalb, abgesehen von ihrer gefälligeren Erscheinung, sicherer.

Die Bauart der Handelsschiffe stand der der Kriegsschiffe im 18. Jahrhundert im allgemeinen bedeutend nach. Erstere konnten sich mit letzteren weder an Größe, noch an Schnelligkeit, noch sonstigen nautischen Eigenschaften messen, sie waren plump, unschön, wenig dauerhaft, und erst die Anwendung des Dampfes auf die Schiffahrt hat in diesen Verhältnissen eine mächtige Wandlung zum Besseren geschaffen. Unter den europäischen seefahrenden Nationen sind seit dem Mittelalter die Schiffahrtsverhältnisse ziemlich gleich gewesen, und es ist deshalb nicht erforderlich, die der Holländer, Skandinavier, Russen und Türken hier noch näher zu erörtern.

Von selbständigen außereuropäischen Völkern sind nur die Chinesen zu erwähnen, da sie allein wirkliche Seeschiffahrt getrieben haben, während alle übrigen nur gebrechliche Boote besitzen.

Man rechnet, daß in China etwa 10 Millionen Menschen mit Schiffahrt beschäftigt sind, und ihre Seefahrzeuge zählen nach Hunderttausenden, allein trotzdem steht nirgends das Seewesen auf einer so niedrigen Stufe wie dort. Ihre Schiffe, welche Dschunken heißen, scheinen seit 4000 Jahren nach demselben Modell gebaut zu werden und haben in ihrer ganzen Konstruktion eine merkwürdige Ähnlichkeit mit den ägyptischen Fahrzeugen aus dem 3. Jahrhundert v. Chr. Der Rumpf ist unförmlich und erinnert in seiner Form an die Kindheit der Schiffahrt. Die Masten sind aus einem Stück und tragen jeder nur ein Rahsegel, dessen Material Bastmatten sind. Neben den Segeln existiert noch immer die

Ruderkraft. Die Anker sind aus Holz mit einem eisenbeschuhten Haken, und statt des querliegenden Ankerstocks ist am oberen Ende des Schaftes ein Stein befestigt. Die Ankertaue sind aus Binsen gefertigt, und die mechanischen Hilfsmittel an Bord (Ankerwinden, Flaschenzüge usw.) sind von der primitivsten und rohesten Art. Das einzige, was bei ihnen an neueren, wenngleich ebenfalls schon tausend Jahre zurückliegende Zeiten erinnert, ist das Steuerruder, welches bei den größten Dschunken in einer der unseren ähnlichen Art angebracht ist. Alle kleineren Fahrzeuge verwenden jedoch zum Steuer nur einen großen Riemen, der in einer Schleife ruhend hinten über das Heck manövriert wird. Ein Kreuzen gegen den Wind ist natürlich fast nicht möglich mit solchen Schiffen, und von größeren Reisen über den Ozean ist keine Rede. Die längeren Fahrten, welche sie in den ostindischen Meeren unternehmen, können sie nur mit Hilfe der halbjährlich aus entgegengesetzten Richtungen wehenden Monsunwinde machen.

Im Jahr 1847 segelte ein europäischer Spekulant mit einer chinesischen Dschunke nach Europa, um sie dort zu zeigen. Er gebrauchte dazu 1 ½ Jahre, also fast fünfmal mehr Zeit als alle übrigen Schiffe.

Der Schiffbau seit Einführung des Dampfes.

(Tafel 6.)

Der Amerikaner Fulton baute im Anfang dieses Jahrhunderts das erste Dampfschiff (1807), welches Clermont hieß. Dasselbe war zwar nur für die Fahrt auf Flüssen bestimmt; seine Konstruktion wich indessen von den bisherigen Regeln ganz gewaltig ab. Das Verhältnis zwischen Breite und Länge war mehr als doppelt so groß wie bisher und stellte sich auf 1:9 ⅓. Als Grund für diese Abweichung diente die Absicht, dem durch die Maschine sehr beschwerten Fahrzeug für die Flußschiffahrt einen möglichst geringen Tiefgang zu geben, und Fulton glaubte dies durch Vergrößerung der Länge zu erreichen. Indessen zeigte sich bald, daß die Herstellung eines sicheren Verbandes bei so langen hölzernen Schiffen zu viel Schwierigkeiten machte, und man ging deshalb bei späteren Konstruktionen auf das Verhältnis 1:5 herab.

1820 machte ein Dampfschiff zum erstenmal eine Reise über den Ozean von Nordamerika nach England und seitdem hat sich der Dampf im Seewesen in steigender Progression eingebürgert. Während jetzt Kriegsschiffe ohne Dampf gar nicht mehr gebaut werden, nimmt auch die Segelschiffahrt der Handelsmarine von Jahr zu Jahr zu Gunsten der Dampfschiffahrt ab, weil letztere stets vervollkommnet und der Dampf billiger wird.

Die Experimente, welche der Schiffbau bisher gemacht hat, um die Dampfkraft durch die zweckmäßigste Schiffsform zu unterstützen und dadurch mit kleinen Maschinen, mithin auch mit geringsten Kosten, die größte Geschwindigkeit – das Desideratum der jetzigen Schiffahrt – zu erzielen, haben zu günstigen Resultaten geführt.

Es hat sich herausgestellt, daß das beste Verhältnis von Breite zu Länge ungefähr 1:6 beträgt, und die jetzt immer allgemeiner werdende Einführung von Eisen anstatt Holz als Schiffbaumaterial beseitigt auch die Schwierigkeiten in Bezug auf den Längsverband.

Ebenso hat der Bug sämtlicher Handelsdampfer eine andere Gestalt erhalten. Früher war er rund und ausgebaucht, jetzt ist er keilartig, ja selbst ein wenig konkav geformt, um das Wasser besser zu durchschneiden und dadurch größere Schnelligkeit zu erzielen. Es hat in dieser Beziehung deshalb eine bedeutende Annäherung an die Bauart der antiken Penteren stattgefunden.

Bei den Kriegsdampfern, wenigstens bei allen größeren bis zum Jahre 1860 erbauten, bleibt der Bug dagegen voller, weil diese vorn schwere Geschütze führen, für deren Gewicht die scharfe, keilartige Form nicht genug Tragkraft besitzt. Mit dem Auftreten der Panzerschiffe seit 1860 geht darin aber ebenfalls eine Änderung vor. Die Hauptwaffe derselben wird der Sporn, und der Bug erhält deshalb die Form einer Beilschneide, die sich unter Wasser schwanenhalsartig ausbaucht, um mit dieser sich vorstreckenden Schärfe den Feind unter dem nur 5-6 Fuß unter Wasser hinabreichenden Panzer zu treffen und ihn dadurch zum Sinken zu bringen.

Ein zweiter tristiger Grund für die Beilschneideform des Bugs ist der größere Schutz gegen das Durchschlagen der Geschosse. Vorder- und Hinterteil der Schiffe können nicht so schwer gepanzert sein wie der mittlere, weil sie sonst zu schwer werden und das Schiff seine Seefähigkeit einbüßt. Um die dünneren Platten trotzdem gegen das Durchschlagen der Geschosse zu sichern, wählte man die scharfe Form des Bugs, an der jene dann stets unter einem spitzen Winkel anprallen und dadurch ganz bedeutend an Kraft verlieren. Ebenso galt es, das Hinterteil zu schützen, und deshalb ist dasselbe von der Wasserlinie an aufwärts wie der Bug geformt, so daß also auch in dieser Beziehung wieder ganz auf die antike Schiffsform der Pentere zurückgegriffen ist.

Die günstigen Erfolge mit den Schiffsformen der Dampfer übten inzwischen auch einen bedeutenden Einfluß auf die Konstruktion der Segelschiffe. Namentlich gingen die Nordamerikaner darin vor, indem sie Klipperschiffe erbauten, die sich im Verhältnis der Breite zur Länge, in der scharfen Bugform und in ihren feinen Wasserlinien den Dampfern möglichst näherten und auch, was Schnelligkeit anbetrifft, ganz Außerordentliches leisteten. Bis zum Jahre 1850 konnte man die größte Geschwindigkeit der Segelkriegsschiffe auf 12, die der besten Handelsschiffe auf 11 Knoten (12 resp. 11 Viertelmeilen in der Stunde, 1 Knoten = ¼ geogr. Meile in einer Stunde) veranschlagen. Seitdem hat sich die Schnelligkeit der großen Klipper nach amerikanischer Bauart auf 14-15 Knoten gehoben; ein Resultat von außerordentlicher Bedeutung, das lediglich dem Schiffbau zu danken ist.

Den hölzernen Kriegsschiffen beließ man mit Rücksicht auf die zu tragenden Geschütze die vollere Bugform; in neuester Zeit beginnt man jedoch bei ihnen den Vordersteven wie bei den Panzerschiffen unter Wasser schwanenbrustartig vorstrecken zu lassen, um den Bug ebenfalls scharf bauen zu können und die dadurch geringer werdende Tragkraft durch die Ausbauchung wieder zu gewinnen.

Taf. 6, Fig. 8-11 zeigen moderne Heck- und Bugformen von hölzernen Schraubenkorvetten. Die erste Holzkorvette mit Schwanenbrustbug für die deutsche Bundesmarine befand sich (1870) auf der Danziger Werft in Bau.

Arten der Schiffe.

(Tafeln 4, 8, 9, 10, 12 und 22.)

Unter Schiff versteht der Seemann im allgemeinen ein Fahrzeug, das auf längeren Reisen ohne große Gefahr die hohe See befahren kann. Dies setzt voraus, daß Schiffe eine gewisse Größe besitzen müssen, und zwar läßt sich diese auf ungefähr 80-100 Tonnen (à 2000 Pfd.) Tragfähigkeit bemessen. Was nicht so viel Tragfähigkeit aufweisen kann, heißt Fahrzeug und oftmals auch Boot, obwohl dieser letztere Name strenggenommen nur ungedeckten Fahrzeugen zukommt, die sich durch Segel und Ruder oder durch letztere allein fortbewegen lassen. Die Trennung dieser verschiedenen Begriffe ist jedoch keineswegs scharf und man spricht deshalb bisweilen von einem Dampfboot, obwohl dasselbe über 1000 Tonnen groß sein und zwischen Amerika und Europa fahren mag.

Die Schiffe teilen sich nach ihrer Bewegungskraft in Segel- und Dampfschiffe, nach ihrem Zweck in Kriegs-, Handels- oder Kauffahrteischiffe, nach ihrer Bauart und Betakelung in verschiedene Klassen, deren Zahl früher ziemlich bedeutend war, die jedoch in neuerer Zeit sehr verringert ist.

Segelkriegsschiffe in der eigentlichen Bedeutung des Wortes gibt es schon seit zwanzig Jahren nicht mehr. Die verschiedenen Marinen besitzen zwar noch mehr oder minder Segelschiffe, aber sie werden nie mehr zur Kriegsfrührung, sondern nur zu besonderen Zwecken, wie Küstenvermessung, Wacht- und Kasernenschiffen usw. aufgebraucht. Seit 1850 baut man für Kriegszwecke nur noch Dampf- und zwar Schraubenschiffe.

Man unterschied unter den früheren Segelkriegsschiffen:

1) Linienschiffe (Taf. 4, Fig. 4). Sie führten zwei oder drei Lagen Geschütze unter Deck und hießen danach Zwei- oder Dreidecker. Ihre Betakelung bestand stets aus drei vollgetakelten, d.h., mit Rahen versehenen Masten.

2) Fregatten (Taf. 10, Fig. 14). Sie hatten eine Lage Geschütze unter Deck, außerdem aber noch, wie auch die Linienschiffe, Kanonen auf dem Deck. Ihre Betakelung war denen der Linienschiffe gleich, nur kleiner.

3) Korvetten. Sie führten nur eine Lage Geschütze und zwar auf dem Oberdeck, während sie wie die Fregatten betakelt waren.

4) Briggs. Sie waren wie die Korvetten bewaffnet, hatten aber nur zwei vollgetakelte Masten.

5) Schoner. Sie hatten 4-8 Geschütze auf dem Oberdeck und zwei Masten. Von diesen führte jedoch nur der vordere Rahen, der hintere dagegen Gaffelsegel.

6) Kanonen- (Mörser) Boote. Dies waren sehr flach gehende, niedrige, etwa 60 Fuß lange und 20 Fuß breite offene Fahrzeuge, nur zur Verteidigung der Häfen, Flüsse und Küsten bestimmt. Sie führten vorn und hinten ein bis zwei schwere Geschütze oder in der Mitte auf starker Balkenunterlage einen Mörser, hatten niederlegbare Masten und wurden im Gefecht nur durch Ruderkraft bewegt.

Als sich der Dampf zuerst in die Kriegsmarine einführte, wurden nur Raddampfer gebaut. Dies schloß so hohe Schiffe wie Linienschiffe aus, weil sonst die Räder einen zu großen Umfang bekommen hätten. Es gab deshalb nur Raddampffregatten, Korvetten und Avisos. Erstere führten eine Reihe Geschütze unter Deck, die Korvetten 6-12 Kanonen auf Deck. Unter Avisos verstand man alle kleineren und schnellen Raddampfer, die nur 2-4 Kanonen auf Deck führten und mehr zum Rekognoszierungsdienst benutzt wurden. Taf. 8, Fig. 1 und 2 zeigen die ersten Raddampffregatten der englischen Kriegsmarine.

Die Takelage aller drei Klassen war meistens die eines Schoners oder einer Bark und niedrig. Ein großer Segeldruck würde die Schiffe auf die Seite geneigt, das Rad an der Leeseite (unter dem Winde) zu sehr eingetaucht und dadurch nicht allein die Fahrt, sondern auch die Steuerfähigkeit sehr beeinträchtigt haben.

Mit dem Auftreten der Schraube fielen die erwähnten Übelstände fort, weil sie am hinteren Ende des Schiffes und unter Wasser liegt. Man konnte deshalb wieder zum Bau der früheren Kriegsschiffsformen, Linienschiffe, Fregatten usw. übergehen, indem man sie nur verlängerte, um Platz für Maschinen und Kohlen zu gewinnen, sonst aber ihnen die vollständige Segelschifftakelage ließ, um die billige Windkraft möglichst auszunutzen und den teuren Dampf für das Gefecht und besondere Gelegenheiten aufzubewahren.

Die Kriegsflotten bauten nun fortan (seit 1840) fast nur noch Schraubendampfer und nicht mehr Räderschiffe, als sie zu Avisos bedurften, weil damals Räder noch größere Geschwindigkeit gaben als die Schraube. Es gab jetzt wieder

Schraubenlinienschiffe, Fregatten und Korvetten; Briggs und Schoner verschwanden jedoch; an die Stelle traten die Avisos und Dampfkanonenboote, letztere wie die Ruderkanonenboote zur Küstenverteidigung gebaut, aber gedeckt und seefähig. Taf. 9, Fig. 1 stellt die erste englische Schraubenfregatte, Fig. 2 eine der ersten Schraubenkorvetten dar.

Bei den Korvetten unterschied man gedeckte und Glattdeckskorvetten. Erstere führten eine volle Lage Geschütze unter Deck, aber nur 2-3 Kanonen auf dem Deck (vorn und hinten), während die Fregatten deren 16-30 hatten; die Glattdeckskorvetten dagegen führten nur eine Lage Geschütze auf Deck und sind bedeutend kleiner als die gedeckten. Taf. 12 zeigt die deutsche gedeckte Korvette Elisabeth; Taf. 10, Fig. 1 und 2, 5 und 6 vier deutsche Glattdeckskorvetten.

Mit dem Jahre 1860 traten die Panzerschiffe als seegehende Schlachtschiffe auf, nachdem gepanzerte schwimmende Batterien schon im Krimkrieg benutzt waren und sich bewährt hatten. Frankreich baute das erste Panzerschiff, die Fregatte Gloire (1858), dann folgten England und allmählich alle übrigen seefahrenden Nationen. Das immense Gewicht des Panzers, dessen Stärke sich infolge des verbesserten Geschützwesens von Jahr zu Jahr steigerte, erforderte sehr große Dimensionen der Schiffe, aber auch andere Linien als bisher, und der Schiffbau bedurfte fast zehnjährigen Experimentierens, um die richtigen Verhältnisse zu finden und den Panzerschiffen die erforderlichen nautischen Eigenschaften zu geben.

Seit 1868 erst darf man dies Problem als gelöst ansehen. Das Verhältnis der Breite zur Länge ist ungefähr 1:6. Von Linienschiffen hat man absehen müssen; sie büßten durch das hochliegende Panzergewicht zu viel von ihrer Stabilität ein. Das einzige Land, welches zwei Panzerlinienschiffe, Magenta und Solferino, gebaut hat, ist Frankreich – beide sind jedoch als Seekriegsschiffe nicht zu gebrauchen. Man baut jetzt nur Panzerfregatten und Korvetten, welche letztere nur eine Lage Geschütze haben, während die Fregatten wie die ungepanzerten gedeckten Korvetten armiert sind. Auf Taf. 10, Fig. 9-11 sind die deutschen Panzerfregatten König Wilhelm, Kronprinz und Friedrich Karl abgebildet. Panzerkorvetten besitzt die deutsche Marine noch nicht.

Neu aufgetreten sind seit einigen Jahren die Turmschiffe. Um den Panzer gegen die modernen 2-600-Pfünder undurchdringlich zu machen, muß er 10-15 Zoll stark sein. Eine so starke Panzerung über den ganzen Rumpf würde kein Schiff tragen können. Man hat deshalb die Turmschiffe konstruiert. Sie haben nur einen etwa 10-12 Fuß breiten Panzergürtel in der Wasserlinie, um die Maschine und das Steuerruder zu decken, und in der Mittellinie des Schiffes erheben sich zwei drehbare und 12-15 Zoll stark gepanzerte Türme, in deren jedem ein bis zwei der schwersten Geschütze aufgestellt sind. Das erste dieser Turmschiffe ist der 1869 fertig gewordene englische Monarch, der sich vorzüglich und besser als alle übrigen bisher gebauten Panzerschiffe bewährt hat.

Eine Unterabteilung der Turmschiffe bilden die Monitors, eine Erfindung des Schweden Ericsson. Dies sind gepanzerte Schiffe mit drehbaren Türmen, aber sehr niedrigem Rumpf, der nur 3-4 Fuß über Wasser ragt und den feindlichen Geschützen kein Ziel bieten soll. Die Monitors sind nur in sehr beschränktem Grad seefähig, führen sehr kleine oder keine Takelage und sind wie früher die Kanonenboote hauptsächlich zur Verteidigung der Küsten bestimmt. In neuerer Zeit baut man sehr große Monitors von 300 Fuß Länge, welche auch seefähig sind, aber ebenfalls keine Takelage führen. Zu ihnen gehört der nordamerikanische Miantonomoh, welcher 1867 die Häfen von Europa besuchte. Taf. 22, Fig. 1 zeigt einen amerikanischen und Fig. 22 den deutschen Monitor Arminius.

Von Kauffahrtei-Segelschiffen existierten früher die verschiedensten Arten, und sie waren so mannigfaltig in Bau und Takelage, daß selbst Seeleute öfter in Verlegenheit gerieten, wie sie dieselben richtig nennen sollten. Das ist in unserer Zeit jedoch auch bedeutend anders geworden und die Arten haben sich sehr vermindert. Die hauptsächlichsten derselben sind folgende:

1) Vollschiffe. Sie haben die Betakelung von Fregatten und Korvetten, d.h. drei Masten mit Rahen. Ihre Größe variiert sehr, von 500-2000 Tonnen Tragfähigkeit.

2) Barks. Die beiden vorderen Masten sind vollgetakelt, der hintere führt jedoch keine Rah-, sondern nur Gaffelsegel. Man baut weit mehr Barks als Vollschiffe, weil die Gaffelsegel leichter als Rahsegel zu regieren sind und man daher weniger Mannschaft bedarf.

3) Briggs. Sie haben zwei Masten mit Rahen. Ihre Größe beträgt 2-500 Tonnen.

4) Schoner. Sie haben zwei oder drei Masten, von denen jedoch nur der vordere Rahsegel führt, während die übrigen Gaffelsegel haben. Bisweilen hat auch der vordere Mast nur Gaffelsegel.

5) Schonerbriggs mit zwei Masten. Die unteren Segel an letzteren sind Gaffel-, die oberen Rahsegel. Schoner und Schonerbriggs haben eine Größe von 100-500 Tonnen.

Außerdem gibt es noch Kuffs, Tjalks, Gallioten, Schalupen, Jachten, Logger, die jedoch immer mehr verschwinden und bald ausgestorben sein werden. Die beiden ersteren Arten sind spezifisch niederländische Typen und Küstenfahrzeuge, vorn und hinten sehr voll und rund gebaut und deswegen schlechte Segler. Kuffs und Gallioten haben Schonertakelage, Tjalks nur einen Mast mit Gaffelsegeln.

Schaluppen und Yachten sind einmastige Küstenfahrzeuge nordischen Ursprungs, die man fast nur in der Ostsee sieht und deren Gehalt 60 Tonnen nicht übersteigt.

Die Logger sind Frankreich eigen, ebenfalls Küstenfahrzeuge mit zwei oder drei Masten, jedoch ohne Raaen und Gaffeln, sondern mit solchen Ruthen- oder Lateinsegeln, wie sie der vordere und hintere Mast der Taf. 1 gegebenen Pentere führen.

Spanien sowie die übrigen Mittelmeer-Küstenländer besitzen noch mehrere in Bau und Betakelung verschiedene Küstenfahrer; jedoch sind sie zu unwichtig, um hier näher erörtert zu werden.

Eine besondere Art bilden die Fischerfahrzeuge der hohen See. Die englischen und deutschen heißen Kutter oder Smaks, sind 50-60 Fuß lang, haben aber für diese geringe Länge einen sehr bedeutenden Tiefgang von 9-10 Fuß. Sie sind scharf gebaut, vortreffliche Segler und namentlich gute Seefahrzeuge, so daß sie trotz ihrer Kleinheit schwere Stürme abwettern. In früherer Zeit hatten sie einen, in neuester Zeit meistens zwei Masten, von denen der hintere jedoch sehr kurz ist und nur ein kleines Segel führt, welches das Fahrzeug mit dem Kopf am Wind halten soll, wenn es beim Fischen ohne sonstige Segel vor dem Grundnetz treibt. Der vordere Mast führt Gaffelsegel.

Die französischen und holländischen Hochsee-Fischereifahrzeuge sind nicht so seetüchtig wie die englischen und öfter ohne Verdeck. Sie haben zwei Masten mit einer Art Loggersegel. Sie halten sich mehr in der Nähe ihrer Küsten, während Engländer und Deutsche die ganze Nordsee durchfischen.

Im Sommer senden die Franzosen eine ziemlich bedeutende Fischereiflotte nach Island, um Kabeljau zu fangen. Die Fahrzeuge dieser Flotte sind kleine Schoner von 80-100 Tonnen.

Eine besondere Art von Schiffen sind die Walfischfänger, zu denen in neuerer Zeit nur Dampfer verwendet werden. Da die Walfische oder die ebenfalls wegen ihres Fettes gejagten Robben und Walrosse nur in arktischen Gewässern leben und die ihnen nachstellenden Schiffe oft mit schweren Eisschollen in Berührung kommen, so sind sie sehr massiv gebaut und außerdem ist der Bug stark mit Eisen beschlagen. Trotzdem werden jährlich viele derselben durch das Eis zerdrückt und gehen mit Mann und Maus verloren.

In früheren Zeiten wurde von seiten Norddeutschlands der Walfischfang sehr stark betrieben, seit zwanzig bis dreißig Jahren ist derselbe aber fast gänzlich in die Hände der Nordamerikaner übergegangen, und Deutschland sendet nur zwei bis drei Schiffe jährlich von der Weser aus nach Norden. Die Fische werden von Booten aus, deren jedes Schiff sechs bis acht an Bord hat und die hinten und vorn scharf gebaut sind, harpuniert und, wenn sie durch den Blutverlust erschöpft sind, mit Lanzen vollständig getötet. Kommt ein Fisch in Sicht, so wird das Schiff an einer Eisscholle oder sonst wie zum Stillstand gebracht, die Boote machen Jagd und suchen ihn von hinten anzurudern, da er von der Seite sehr scharf sieht. Ist ein Boot nahe genug, so wird die Harpune geworfen, früher mit der Hand, jetzt jedoch fast allgemein mit dem Harpunengeschütz, Taf. 19, Fig. 10, das vorn im Boot in einer Gabel befestigt ist. Der Fisch taucht sofort mit großer Geschwindigkeit in die Tiefe; deshalb muß die an der Harpune befestigte Leine sehr lang sein und frei auslaufen können. Jedes Boot hat fünf Leinen zu 120 Fäden (à 6 Fuß), die nach Bedarf aneinander befestigt werden, oft aber nicht ausreichen, so daß man die Leinen anderer Boote zu Hilfe nehmen muß. Ein Mann steht stets mit einem Beil fertig, um die Leine sofort zu kappen, sobald sie unklar wird, weil sie sonst das Boot mit in die Tiefe reist. Der tote Fisch wird dann von den Booten zum Schiff bugsiert, abgespeckt und seiner Barten beraubt, die das Fischbein geben. Ein Bremerhavener Büchsenmacher Cordes hat eine Bombenlanze erfunden, die in den Fisch geschossen wird, in seinem Körper springt und ihn dadurch tötet. Die neuerdings damit angestellten Versuche haben sich sehr gut bewährt.

Außerdem gibt es noch eine Klasse von Fahrzeugen, die Lustyachten, zu denen England und Amerika das größte Kontingent stellen und von denen viele größere überseeische Reisen unternehmen. Die meisten derselben sind Kutter, manche jedoch auch Schoner und im allgemeinen vortreffliche Segler, da die Schiffbaumeister bei ihnen auf nichts anderes als Schnelligkeit Rücksicht zu nehmen brauchen und ihnen deshalb eine äußerst scharfe Form geben können.

Die Kauffahrteidampfschiffe klassifiziert man nicht, obwohl sie von verschiedenster Bauart und Größe sind und auch die verschiedenste Takelage haben. Man benennt sie nur nach ihrem Motor als Rad- oder Schraubendampfer.

Bei der Handelsmarine ist Schnelligkeit des Transports von Gütern oder Passagieren die oberste Aufgabe, daher steht die Dampfkraft auf ihren Dampfschiffen in erster Reihe, und die Segelkraft dient nur zur Hilfe oder wenn etwas an der Maschine brechen sollte. Deshalb ist die Takelage niedrig und beschränkt sich bei den kleineren Schiffen auf Gaffelsegel, um beim Dampfen gegen den Wind möglichst wenig Windfang zu haben. Die transatlantischen Dampfschiffe sind gewöhnlich wie Barks getakelt, die sehr großen und langen haben jedoch öfter auch vier Masten, ja der Great-Eastern, das bekannte Riesenschiff der Neuzeit, hat deren sechs, dagegen kein Bugspriet.

Taf. 9, Fig. 3 und 4 geben die Ansicht von einem großen viermastigen Passagierdampfer, dem Great-Britain, und vom Great-Eastern.

Der Great-Britain wurde im Anfang der vierziger Jahre in Bristol gebaut; er war das erste eiserne Schraubendampfschiff von bis dahin unerhörten Dimensionen, nämlich von 317 Fuß Länge über Deck und 51 Fuß größte Breite (Verhältnis 1:6) und mit 1280 Pferdekraft. Das Gewicht des Rumpfes dieses Schiffs (excl. Maschine) beträgt 20000 Zentner, Tragfähigkeit 3900 Tonnen = 78000 Zentner.

Der Great-Eastern (vollendet 1859) ist der höchste Triumph des modernen Schiffbaues und verdient mit Recht die allgemeinste Bewunderung. Zugleich verdankt die Welt ihm allein die Herstellung eines anderen Wunderwerkes, die Legung des ersten transatlantischen Kabels, die ohne den Great-Eastern nicht möglich gewesen wäre.

Die Dimensionen dieses größten Schiffes der Erde sind 680 Fuß Länge, 83 Fuß Breite (Verhältnis 1:8 1/5) Tragfähigkeit 25000 Tons = 500000 Zentner. Es ist sowohl mit Schaufelrädern wie mit Schraube ausgerüstet, und hat die Maschine für die ersteren 1600, die für die Schraube 1000 nominelle Pferdekraft. Das Gewicht des zum Rumpf verwendeten Eisens beträgt 140000 Zentner. Als Passagierschiff ist es für 2400 Personen eingerichtet, als Truppenschiff würde es 10000 Soldaten in kriegsmäßiger Ausrüstung auf einmal transportieren können. Seine durchschnittliche Geschwindigkeit unter Dampf ist 13¼ Knoten(3¼ geogr. Meilen) per Stunde und gebraucht es dazu 2400 Zentner Kohlen pro Tag. Der Great-Eastern war das erste nach dem gegenwärtig allgemein gebräuchlichen Zellensystem gebaute Schiff, d.h., sein Boden ist doppelt und durch vertikale Wände in eine Reihe von wasserdichten Zellen geschieden, um bei einem Leck das eindringende Wasser auf eine der Zellen zu beschränken und das Schiff vor dem Sinken zu bewahren.

Außer Rad und Schraube ist seit den letzten Jahren (1860) noch ein anderer Motor, die Turbine, aufgetreten, bis jetzt jedoch nur in wenigen Schiffen angewendet

Bau der Schiffe.

(Tafel 11, 13, 15 und 16.)

Die Schiffbaukunst gründet sich in der Theorie auf die Gesetze der Physik, hauptsächlich auf Statik und Dynamik.

Die Aufgabe des Schiffbauers ist es, nach den ihm gestellten Bedingungen, als Tragfähigkeit, Tiefgang usw., ein Schiff zu konstruieren, das gute nautische Eigenschaften besitzt. Zu diesen letzteren sind hauptsächlich Stärke und Widerstandsfähigkeit gegen die Einwirkungen der Elemente, möglichste Schnelligkeit, gute Manövrierfähigkeit und das zu rechnen, was der Seemann mit einem „guten Seeschiff“ bezeichnet, d.h. das betreffende Fahrzeug muß namentlich bei Sturm keine heftigen unangenehmen Bewegungen machen, sich leicht über die Wellen heben und möglichst wenig Wasser übernehmen.

Tragfähigkeit und Tiefgang werden durch die Form des Schiffs bestimmt, die Widerstandsfähigkeit bedingt gutes und starkes Material sowie sorgfältigen Verband. Die Schnelligkeit hängt von dem richtigen Verhältnis der Rumpfdimensionen zueinander, dem Belauf der Linien, besonders unter Wasser und der Bewegungskraft, sei dies Segelfläche oder Dampf, ab. Die nautischen Eigenschaften resultieren hauptsächlich aus der Lage des Mittelpunktes der Schwere zu der des Metazentrums, d.h. desjenigen Punktes, wo die Oberfläche des Wassers die Senkrechte durch die Mitte des für See fertigen Schiffs schneidet.

Da der Mittelpunkt der Schwere bei verschiedener Belastung sich verschiebt, so ist bei der Stauung oder der Verteilung der Last im Innern des Schiffs sehr sorgsam zu verfahren, weil sonst das bestkonstruierte Modell leicht ein schlechtes Seeschiff werden kann. Legt man durch die Last den Schwerpunkt zu hoch, so wird das Schiff sehr tiefe seitliche Bewegungen machen (schlingern) und kommt in die Gefahr umzuschlagen, wenn ein unvorhergesehener Windstoß seine Segel trifft. Liegt der Schwerpunkt zu niedrig, so wird die Schlingerbewegung zwar kürzer, aber um so schneller und heftiger, wodurch der Verband des Schiffs sehr leidet. Bringt man schwere Lasten vorn und hinten in die Schärfen des Schiffs, so verliert es dadurch die Fähigkeit, sich leicht über die Wellen zu heben und taucht abwechselnd, je nachdem die Wellen unter ihm fortrollen, mit dem Vorder- oder Hinterteil tief ein. Diese senkrechte Pendelbewegung nennt man Stampfen, und wenn sie stark ist, beeinträchtigt sie ebenso wohl die Schnelligkeit, als sie das Schiff in allen seinen Teilen erschüttert und anstrengt. Die Praxis hat ergeben, daß, um diese Übelstände zu vermeiden, der Schwerpunkt der beweglichen Gewichte in einem Schiff niedrig und ein wenig vor der Mitte des letzteren liegen muß. Ebenso müssen die Gewichte so weit nach den Seiten hinauf gestaut werden, wie dies ohne zu große Erhöhung des Schwerpunktes möglich ist.

Nachdem der Schiffbaumeister den Riß des Schiffs entworfen (Taf. 11, Fig. 2 u. 3), werden zunächst die einzelnen Teile des inneren Gerippes auf dem Schnürboden abgeschnürt und danach zur Bearbeitung der wirklichen Baustücke, Modelle (Malle) von dünnen Brettern gefertigt. Man verwendet als Baumaterial jetzt sowohl Holz als Eisen, was natürlich eine ganz verschiedene Bauart erfordert.

Wir wollen zunächst den Bau hölzerner Schiffe betrachten.

Das Gerippe des Schiffs besteht seinen Hauptteilen nach aus Kiel, Steven, Spanten und Decksbalken. Der Kiel (Taf. 13, Fig. 1a) ist die Grundlage des Ganzen, und auf ihm erhebt sich das Gebände. Er bildet die Mittellinie des Schiffs in seiner ganzen Länge und besteht aus zusammengesetzten Balken, die durch einen Lasch, wie Taf. 11, Fig. 9 zeigt, miteinander verbunden werden. cc ist der Lasch, dd sind Zylinderzapfen von Holz, welche in jedes der beiden Laschstücke greifen, und ee sind Metallbolzen, die durch beide Stücke getrieben werden. Man nimmt zum Kiel das beste Eichenholz, bisweilen auch Buchen. Man legt den Kiel auf Stapelklöße (Taf. 13, Fig. 1b), die ihrerseits wieder auf der Hellung (1) ruhen. Letztere ist eine gegen das Wasser mündende geneigte, meistens mit Bohlen belegte und oft überdachte Ebene. Ihr Fall beträgt ¾ bis 1 Zoll auf den Fuß ihrer Länge, und die Oberfläche der Stapelklötze muß eine genaue gerade Linie bilden. Vorn und hinten auf dem Kiel errichten sich der Vorder- und Hintersteven, von denen der erstere schräger, der letztere senkrecht oder fast so in der Höhe steigt. Es sind dies Balken, die in den Kiel eingezapft und mit ihm durch Knie besser verbunden werden. Taf. 11, Fig. 11 u. 12 zeigen die Art dieses Verbandes und ihre Verholzung. Quer zum Kiel werden dann die Rippen oder Spanten aufgesetzt (Taf. 13, Fig. 1), welche zugleich die Form des Schiffes bestimmen.

Ein solches Spant (Taf. 11, Fig. 8) besteht aus mehreren Teilen; aus den Bodenwrange a, den Sitzern c und den Auflangern d e. Da diese Teile, wenn sie stumpf gegeneinander stoßen, keinen Halt haben, so konstruiert man die

Spanten doppelt, indem man dem Sitzer f usw. verbolzt, jedoch so, daß man die Hölzer durch Zylinderzapfen, durch welche, wie beim Kiellasch, die Bolzen gehen, einige Zoll voneinander fern hält, um Ventilation zwischen ihnen zu schaffen und sie dadurch vor Fäulnis zu bewahren. Fig. 7 zeigt ein solches, durch provisorisch angenagelte Latten in seiner Form gehaltenes Doppelspant, und Taf. 13, Fig. 1 stellt dar, wie es mit Flaschenzügen auf dem Kiel aufgerichtet wird.

Nach dem Aufrichten stützt man die Spanten ab und verbolzt sie auf dem Kiel mit diesem. In der vorderen und hinteren Schärfe des Schiffs müßte der Winkel der Bodenwrangen jedoch so spitz sein, daß es kein so gewachsenes Holz gibt. Da das in solcher Form gehauene Holz aber nicht die erforderliche Stärke besitzt, so konstruiert man für diese Zwecke das Spant aus zwei Hälften, deren jede für sich mit ihrem unteren Ende in den Kiel eingezapft wird, und nennt sie Kantspanten. Die Schärfen zwischen den Kantspanten werden mit Balken aufgefüllt, die den Namen Aufklotzung oder Totholz führen, mit Kiel und Steven verbolzt werden und mit ihnen eine solide Masse bilden. Taf. 11, Fig. 4 zeigt das hintere Totholz, durch welches die Schraubenwelle geleitet ist.

Bei Segelschiffen und Raddampfern bildet der Hintersteven den hinteren Abschluß des Schiffs, und an ihm wird das Ruder gehakt. Bei Schraubendampfern ist jedoch zur Aufnahme der Schraube, die vor dem Ruder liegen muß, ein Anbau, der Schraubenbrunnen erforderlich (Taf. 11, Fig. 1). Zu diesem Zweck wird der Kiel nach hinten zu um ein Stück über den Hintersteven hinaus verlängert und auf dem Endpunkt dieses Stücks der Rudersteven errichtet: dadurch entsteht eine rechteckige Öffnung, in der sich die Schraube um ihre Welle dreht, der Brunnen.

Der Kiel erhält noch zwei Verstärkungen, eine untere, den Loskiel, und eine obere, das Kielschwein. Der Loskiel, bei gedeckten Korvetten etwa 6 Zoll stark, hat den doppelten Zweck, den eigentlichen Kiel vor Beschädigung zu bewahren, wenn das Schiff einmal auf den Grund stößt, und zugleich ihm eine größere perpendikuläre Fläche zu geben, um bei seitlichem Wind dem Wasser mehr Widerstand zu bieten und das Schiff weniger quer abtreiben zu lassen.

Das auf den Spanten liegende und mit ihnen und dem Kiel verbolzte Kielschwein dient lediglich zur Verstärkung und zugleich als Ruhepunkt für die daraufstehenden Masten. Bei großen Schraubendampfern steht jedoch nur der Fockmast darauf, die übrigen ruhen auf dem Zwischendeck oder auf einem eisernen Bock, da unter ihnen die Schraubenwelle läuft.

Nach Aufrichtung der Spanten werden innen um das Schiff fast alle, und außen einige Plankengänge befestigt, um dem ganzen Gebäude bei den späteren Arbeiten die Form genau zu bewahren. Dann zieht man die Decksbalken ein, welche sowohl die Bestimmung haben, die Verdecke zu tragen, als auch den Querverband des Schiffs zu bilden und die Schiffsseiten gegen den Wasserdruck auseinanderzuhalten.

Die innere Verplankung nennt man Wegerung. Vom Kielschwein bis zum untersten Deck ist sie nicht kontinuierlich, sondern besteht, wie Taf. 11, Fig. 6 zeigt, aus einzelnen Streifen, zwischen denen die Spanten bloßliegen. Der unterste Streifen heißt Boden-, der nächste Kimmweger. Alsdann folgen der hölzerne Diagonalverband und darüber die Zwischendeck-, Batteriedeck- und Oberdeckbalkweger.

Auf den Balkwegern ruhen die Decksbalken, Taf. 11, Fig. 15, und sind durch eiserne Knie dd mit ihnen und der Schiffseite verbunden.

Die äußere Beplankung, welche neben dem Längsverband zugleich dem Schiff einen wasserdichten Überzug geben soll, ist dagegen überall eng aneinandergefugt. Fig. 13 gibt eine Ansicht, wie sie auf den Spanten befestigt wird und man ihre Stöße gegeneinander verschießen läßt.

Da die Nähte der auch auf das genaueste aneinandergefugten Planken dennoch lecken würden, so kalfatert man dieselben, d.h. man treibt mit meißelartigen Kalfatereisen Werg zwischen sie, schlägt dies etwa ¼ Zoll tief hinunter und gießt in diese Rinnen Pech, wodurch vollständige Wasserdichtigkeit erzielt wird. Bevor man jedoch außen beplankt, gibt man dem Gerippe noch festen Halt durch einen eisernen Diagonalverband. Derselbe besteht aus flachen Schienen, die schräg von oben nach unten und sich kreuzend in die äußeren Flächen der Spanten eingelassen und mit ihnen verbolzt werden.

Die Decksbalken erhalten sämtlich eine leichte konvere Krümmung, damit die auf ihnen liegenden Verdecke etwas rund werden und das Wasser nach den Seiten abläuft, wo es durch quer durch die Schiffseiten gebohrte Öffnungen, die Speigaten, außer Bords geführt wird. Durch Stützen (Fig. 6) werden die Decksbalken in dieser Lage gehalten und gegen Durchbiegen gesichert. Die Verdecke bestehen aus etwa 6 Zoll breiten Planken (Taf. 11, Fig. 5cc), die ebenfalls kalfatert werden. Gewöhnlich sind diese Planken fichtene, und nur in der Mittellinie sowie an der Bordwand liegen mehrere Gänge von Eichen oder Thekaholz (indische Eiche), um mehr Festigkeit zu geben. Auf den neuen großen Panzerschiffen, deren Decks die schweren Geschütze zu tragen haben, fertigt man die Decke meistens ganz aus Eichen oder Theka.

Die Geschützpfortenöffnungen für Kriegsschiffe werden gleich im Spantenriß berücksichtigt und mit hineingebaut, die kleinen runden oder viereckigen Seitenfenster, welche dem Zwischendeck Licht geben, jedoch erst nach der Beplankung durchgearbeitet.

Das Oberdeck ist zum Schutz gegen überspritzende Wellen mit einem Bollwerk, der Verschanzung oder dem Schanzkleid umgeben. Auf Handelsschiffen ist die Verschanzung eine einfache Wand, die oben mit einem daraufgelegten horizontalen Stück, der Regeling oder Reiling, abschließt. Auf Kriegsschiffen ist sie jedoch unten sehr massiv und bildet oben eine kastenartige Rinne (Taf. 11, Fig. 14g) zur Aufnahme der Hängematten, welche bei

Tag darin verstaut werden, teils um sie zu lüften, teils um in den unteren Räumen Platz zu gewinnen. Diese Kasten heißen Finknetze, sie werden bei schlechtem Wetter durch gestrichene Segeltuchstreifen, die Finknetzkleider, gedeckt und gegen Nässe geschützt.

Damit das Wasser nicht in die Kanonenluken dringt, werden diese durch bewegliche Pforten (Taf. 11, Fig. 16) geschlossen, deren kreisförmige Mittelöffnung die Geschützmündung umschließt, die ihrerseits wieder durch einen Pfropfen geschlossen wird.

Zur Kommunikation der einzelnen Decks miteinander dienen die Luken, viereckige Öffnungen von der nur gerade notwendigen Größe, um den Verband des Schiffs so wenig als möglich zu schwächen. Sie werden von den aufrechtstehenden und gewöhnlich 6-12 Zoll über das Deck hinausragenden Lukenschwellen eingefaßt.

An der Außenseite des Schiffs in der Höhe des Oberdecks werden sodann die Rüsten angesetzt. Dies sind schwere, horizontalliegende, eichene Planken, welche dazu dienen, die Haltetaue (Wanten) der Masten frei von der Schiffsseite zu halten und ihnen gleichzeitig mehr Spreizung zu geben (Taf. 11, Fig. 14k). Am äußeren Ende der Rüsten befinden sich die Jungfern (Taf. 11, Fig. 14 l), vgl. auch Taf. 12, Fig. 14 und 15). Durch die Löcher dieser Jungfern wird ein dünnes Tau, das Taljereep, geschoren, mit dem man die Wanten straff setzt. Nach unten zu finden die Jungfern ihren Halt in den Püttings (Taf. 11, Fig. 14m), starken Eisenstangen, die unten mit der Schiffsseite verbolzt sind. Der bei Fig. 14c sichtbare Balken, welcher das Deck gegen Bord abschließt, ist auch noch ein wichtiges Längsverbandstück des Schiffs, läuft von hinten nach vorn durch und heißt der Wassergang.

Im Bug des Schiffs (Taf. 11, Fig. 1) werden der Krahnbalken angebracht und an dem Steven der Schnabel des Schiffs, die Galion, befestigt. An dem Krahnbalken hängt der Anker in der Partürleine, einer starken Kette, und wenn er, wie in Fig. 1 horizontal gelegt ist, hinten mit seinem Kreuz auch noch in einer anderen Kette, der Rüstleine. Auf Kriegsschiffen sind Partür- und Rüstleine mit Schlipphaken versehen. Ein Hebeldruck löst beide, und der Anker fällt in horizontaler Lage, die für sofortiges Halten am günstigsten ist, auf den Grund. Die Galion dient zur Verzierung und zum Tragen der Galionsfigur, daneben aber auch als Abort für die Mannschaft.

Die Öffnungen für die Aufnahme der Masten werden noch auf der Helling vorbereitet und die Mastspuren auf dem Kielschwein angebracht. Ebenso werden die inneren Einrichtungen, Kajüten, Kammern, Vorratsräume usw., ausgearbeitet und größtenteils aufgestellt.

Ist das Schiff ein Dampfschiff, so müssen auch vor dem Ablauf noch alle diejenigen Unterwasserteile angebracht werden, welche eine Durchbohrung der Schiffswand bedingen, wie z.B. das hinten durch den Steven gehende Stück der Schraubenwelle, die verschiedenen Röhren und Ventile für Pumpen und Maschine, wie Taf. 15, Fig. 1x ein solches zeigt. Das Ruder wird erst später gehakt, weil es beschädigt werden könnte, wenn das Schiff beim Ablauf mit dem Hintersteven den Grund berühren sollte, was öfter vorkommt, wenn es an größerer Wassertiefe fehlt.

Ist das Schiff soweit gediehen, so bringt man es zu Wasser und läßt es vom Stapel laufen. Taf. 16 gibt ein anschauliches Bild von diesem Prozess. Fig. 2 stellt den Durchschnitt eines zum Ablauf fertigen Schiffs mit dem darunter angebrachten und bereits aufgekeilten Ablaufgerüst vor. Letzteres besteht aus einem in der Längsrichtung auf der Helling befestigten Balkenlager, auf dem oben die Schmierplanke c ruht, an deren äußerer Seite eine andere starke und mit Klampen gestützte Planke in Hochkant angebracht ist. Sie dient dem losen oberen Teil des Ablaufgerüstes, dem Schlitten und Läufer als Führung und sichert letztere gegen seitliches Ausgleiten. Die Konstruktion von Schlitten und Läufer ist aus Fig. 2 b u. a, im Durchschnitt aus Fig. 3 von der Seite ersichtlich. Der Läufer a ist ein auf der Schmierplanke c ruhender Balken und bestimmt, auf ihm zu gleiten. Auf dem Läufer ruht wieder der Schlitten b und ist mit ihm durch Zylinderzapfen so lose verbunden, daß er sich von ihm heben läßt. Vorn und hinten erhöht sich der Schlitten in der Fig. 3 angegebenen und der Form des Schiffs angepaßten Weise, so daß letzteres wie in einer Wiege in ihm ruhen kann. Bis zum wirklichen Ablauf findet aber ein eigentliches Ruhen nicht statt, obwohl der Schlitten so eng unter das Schiff gebracht wird, wie möglich.

Soll der Ablauf stattfinden, so werden in der ganzen Länge des Gerüstes zwischen Schlitten und Läufer Holzkeile eingeklemmt (Fig. 2 u. 5), und für jedes Antreiben von je zwei Keilen ein Schiffszimmermann angestellt. Auf ein bezügliches Signal werden dann sämtliche Keile gleichzeitig so weit angetrieben, wie dies möglich ist. Ein wirkliches Heben des Schiffs findet dadurch zwar nicht statt, namentlich wenn letzteres groß ist, aber der Schlitten wird doch so nahe an das Schiff getrieben, daß man ohne Gefahr die seitlichen Stützen (Taf. 13, Fig. 1) fortnehmen und die Stapelklötze (Taf. 16, Fig. 2e) fortspalten kann. Die Stützen nimmt man sämtlich, die Stapelklötze bis auf die vier oder sechs vordersten fort, durch welche das Schiff vorläufig noch festgehalten wird. Sodann wird von neuem aufgekeilt. Sobald man dies getan, werden die letzten Stapelklötze fortgespalten, der ganze, jetzt nur auf dem Schlitten ruhende Bau setzt sich in Bewegung und gleitet durch seine eigene Schwere auf der schiefen Ebene der Helling in das Wasser. Um die Reibung zu vermindern, werden die Schmierplanken oben und der Läufer unten vor dem Aufkeilen mit Fett und grüner Seife geschmiert. Der Schlitten geht, weil er oben am Schiff befestigt, beim Ablauf mit zu Wasser, wie Taf. 16. Fig. 1 zeigt, und wird später abgenommen. Bisweilen will das Schiff nicht von der Helling von selbst laufen. Dann hilft man ihm durch Schrauben nach, schraubt mit Daumkräften (Taf. 16, Fig. 6 u. 7) oder mit hydraulischen Pressen das Vorderteil in die Höhe und gibt damit einen Impuls.

Nach dem Ablauf werden die Masten eingesetzt, das Schiff aufgetakelt, das Ruder gehakt, wie Taf. 11, Fig. 1rr zeigt, und das Schiff, wenn es tropische Meere befahren soll, gekupfert oder gezinkt. Bei großen Schiffen geschieht dies im Dock, die kleineren dagegen kupfert man schon vor dem Ablauf auf der Helling. Ist das Schiff Dampfschiff, so wird auch die Maschine eingesetzt.

Das Beschlagen des Bodens mit Kupferplatten hat den Zweck, ihn gegen die Angriffe des zerstörenden Bohrwurms (Toredo navalis) und gegen den die Fahrt hemmenden Anwuchs von Seegras und Muscheln zu sichern, der namentlich in südlichen Gewässern sehr stark ist. Kupfer oxidiert in Salzwasser und erzeugt ein Gift, das alle organischen Wesen tötet. Die bekupferten Schiffe müssen unter Wasser auch überall durch kupferne Bolzen verbunden werden, weil sich, wo Eisen und Kupfer in Salzwasser in Berührung kommen, sofort ein starker, das Eisen zerstörender galvanischer Strom bildet. Durch diese Bauart werden natürlich die Schiffe bedeutend teurer als solche, die in den nordischen Meeren fahren und entweder gar nicht gekupfert oder nur zum Schutz gegen den Bohrwurm mit Zink beschlagen sind. Die Kostendifferenz macht ein Drittel der ganzen Bausumme aus.

Die Größe des Ruders steht in einem bestimmten Verhältnis zu der des Schiffes, und zwar muß sich seine Fläche zu der des größten Schiffsquerschnittes wie 1:15 verhalten. Bei dem neuerdings für große Panzerschiffe in Gebrauch genommenen Balanceruder liegt die Drehungsachse nicht an der vorderen Kante, wie bei dem gewöhnlichen Ruder (Taf. 11, Fig. 1r), sondern ein Drittel der Fläche vor ihr und zwei Drittel dahinter. Deshalb hängt es auch nicht in Haken und Ösen (Fingerlingen), sondern dreht sich unten in einem Zapfen und ist zu diesem Zweck der Kiel noch um ein Stück über den Rudersteven hinaus verlängert. Der Zweck dieses Ruders ist leichtere Handhabung, weil der Wasserdruck auf dasselbe um so viel geringer wird. Der Druck auf die Ruderfläche vor der Achse ist dem hinter ihr entgegengesetzt, paralysiert also denselben um seine eigene Größe und es bleibt mithin im Schiff nur ein Drittel des Gesamtdrucks zu überwinden. Oben in dem in das Schiff reichenden Kopf des Ruders steckt rechtwinklig ein bei allen größeren Schiffen eiserner Balken, die Pinne, mit der man das Ruder dreht, und zwar geschieht dies mit Hilfe von Steuerrädern, die mit der Pinne durch Flaschenzüge in Verbindung stehen. Man hat diese Verbindung auf verschiedene Weise herzustellen und durch mechanische Mittel zu verstärken gesucht, und steuert in letzter Zeit bei großen Schiffen sowohl mit Hydraulik als mit Dampf.

Das Material der Holzschiffe ist größtenteils Eiche und für die Inhölzer ist fast nur sie verwendbar. Für die Beplankung wird jedoch oft Fichte, bisweilen auch Theka und Mahagoni benutzt.

Entstehender Mangel an geeignetem Holz führte vor etwa 40 Jahren (1830) auf Eisen als Schiffbaumaterial. Anfänglich mit Mißtrauen betrachtet, hat das Eisen indessen so vortreffliche Eigenschaften entwickelt, daß es namentlich in den letzten Jahren im Seewesen sehr eingebürgert ist, und allem Anschein nach liegt die Zeit nicht mehr fern, wo der Eisenbau den Holzbau gänzlich verdrängen wird. Hölzerne Dampfschiffe werden z.B. jetzt schon gar nicht mehr gebaut. Ebenso vermag nur Eisen den großen, langen Panzerschiffen die Fähigkeit zu geben, ihre schweren

Panzerlasten in Seegang zu tragen, ohne daß sie durchbiegen oder brechen. Der Bau des über 600 Fuß langen Great-Eastern wäre aus Holz nicht möglich gewesen.

Die Grundzüge des Eisenbaues stimmen mit dem des Holzbaues überein, d.h. das Schiff hat Kiel, Spanten, Außenhaut, Decksbalken usw., es ist nur alles von Eisen und in eine Form gebracht, die bei geringstem Material die größte Stärke gibt und wie sie Theorie und Praxis der Eisenindustrie festgestellt haben.

Taf. 13, Fig. 6 u. 8 geben den Durchschnitt von einer Holzkorvette und einem eisernen Panzerschiff, Fig. 10a-d, die verschiedene Konstruktion eiserner Schiffsböden, und Fig. 11a-f die verschiedene Façon der Verbandstücke.

Da die größte Stärke der zum Bau verwendeten Eisenbleche höchstens 1-1½ Zoll beträgt, so ist von solchen Bolzen wie bei Holzschiffen keine Rede, sondern der ganze Eisenbau wird zusammengenietet und zwar werden die Niete heiß eingezogen.

Bei allen seinen Vorzügen hat das Eisen in Schiffen jedoch auch einen großen Mangel. Stößt ein eisernes Schiff einmal mit seinen dünnen Bodenplatten auf Felsen, so verursacht eine solche Kollision sehr schnell ein gefährliches Leck, das sich nicht wie bei Holzschiffen stopfen läßt. Dasselbe ist der Fall, wenn bei eisernen Kriegsschiffen ein Geschoß unter Wasser einschlägt. Es reißt ein unregelmäßiges, sehr schwer zu stopfendes Loch, und das Schiff wird in beiden Fällen dem Sinken nahe gebracht. Um diese Gefahren bei großen Eisen-, namentlich bei Panzerschiffen zu mindern, baut man sie nach dem Zellensystem, d.h. man gibt ihnen, wie Taf. 13, Fig. 8 zeigt, einen doppelten Boden. Die Eisenspanten werden rechtwinkelig durch Längsgürtungen durchschnitten, die von vorn nach hinten laufend, mit jenen viereckige Zellen bilden, und auf diesen Zellen liegt ein teilweise fester, teilweise loser aber wasserdicht verschließbarer zweiter Boden, der in der Zeichnung streckenweise fehlt, um die innere Konstruktion zu zeigen.

Die eisernen, sämtlich im Vorderteil des Schiffs zusammenlaufenden Längsgürtungen haben außerdem noch die Bestimmung, dem Sporn Halt zu geben und dessen Stoß aufzunehmen. Die deutsche Panzerfregatte König Wilhelm stößt z.B., wenn sie in voller Fahrt ist, mit einer Gewalt von 40 Mill. Pfund. Man kann sich also denken, wie gewaltig der Rückhalt des Sporns sein muß, damit dieser selbst den Stoß aushält. Taf. 16, Fig. 1 zeigt vorn im Bug des ablaufenden Panzerschiffs den Sporn desselben, d.h., die schwanenbrustartige Ausbauchung des Vorderstevens. Bei den ersten Widderschiffen konstruierte man den Sporn mehr spitz und kegelförmig und wollte damit die feindliche Schiffswand durchbohren. Dies führte jedoch zu viele Nachteile für das eigene Schiff mit, und man ging deshalb zu der in der Figur gezeigten Form, welche die feindliche Seite zerdrücken soll.

Bei Fig. 8 (Taf. 13), dem Querschnitt des König Wilhelm, liegen 6 solche Zellenreihen an jeder Seite des Kiels, und so weit ist das Schiff vollständig doppelt konstruiert. Einen unten vorstehenden Kiel hat letzteres nicht, dagegen an jeder Seite zwei hölzerne Seitenkiele, um bei etwaiger Berührung mit dem Grund den Stoß aufzunehmen und die nur 1

¼ Zoll starke Eisenhaut zu schonen. Auf der horizontalliegenden sechsten Längsgürtung ruht dann der etwa 6 Fuß unter die Wasserlinie hinabreichende Panzer mit seiner Holzfutterung. Er ist bei König Wilhelm in der Wasserlinie überall 8 Zoll dick. Die Panzerplatten werden mit ihrer Holzfutterung durch Bolzen auf der Schiffswand befestigt, wie Fig. 7 und 9 zeigen. Erstere stellt die Wand eines hölzernen Panzerschiffs, wie man sie anfänglich baute, vor, letzteres die der jetzigen eisernen. Bei jenen wurden die Bolzen in das Holz geschoben, bei diesen werden sie mit Muttern angezogen. Beide Arten haben versenkte Köpfe. In Fig. 9 ist a die Panzerplatte, c die innere Eisenhaut des Schiffes, zwischen welchen beiden Thekaholzbalken liegen.

Für den Fall, daß trotz der Panzerstärke Geschosse in der Wasserlinie durchdringen oder ein Panzerstoß dort ein Leck reißen sollte, ist noch die in Fig. 8 sichtbare, vom Boden bis zum Batteriedeck reichende vertikale Wand aufgestellt. Sie schließt wasserdicht; das durch jenes Leck eindringende Wasser kann deshalb nur den von ihr begrenzten Raum füllen und nicht das Schiff zum Sinken bringen, um so mehr, als letzteres noch außerdem durch acht eiserne wasserdichte Querwände in ebenso viele Hauptabteilungen geschieden ist.

Ein großer und sehr empfindlicher Nachteil der Eisenschiffe ist ferner, daß man sie wegen des sofort entstehenden galvanischen Stroms nicht kupfern kann und bis jetzt kein Mittel erfunden ist, um das Eisen im Seewasser, namentlich in den Tropen, vor Anwuchs zu bewahren. Dadurch büßen die Eisenschiffe sehr bald von ihrer Schnelligkeit ein, und müssen alle Jahre ein- bis zweimal in das Dock, um den Boden zu reinigen und neu zu streichen. Obwohl man die Anstriche mit allen möglichen Giften versetzt, haben sie bis jetzt ihre Zwecke nur sehr unvollkommen erreicht, und die Chemie würde der Schiffahrt einen unberechenbaren Dienst leisten, wenn es ihr gelänge, einen Eisenanstrich zu erfinden, der ohne dem Metall zu schaden, die Dienste des Kupferbodens leistete.

Die Schiffsdampfmaschinen.

(Tafel 11, 15 und 25.)

Die Grundprinzipien derselben sind mit denen der Landdampfmaschinen gleich, und da diese unter einer anderen Abteilung des Bilderatlas näher beschrieben sind, so können wir uns hier darauf beschränken, nur ihre besonderen, aus den Schiffsverhältnissen erwachsenden Eigentümlichkeiten zu berücksichtigen.

Für die Dampfschiffe gibt es drei Motoren: das Rad, die Schraube und die hydraulische Reaktion, welche letztere im wesentlichen aus einer Zentrifugalpumpe besteht. Alle drei bedingen eine Rotation und es ist daher die Aufgabe der sie treibenden Maschinen, die geradlinige Bewegung der Zylinderkolben als eine rotierende auf die Motoren zu übertragen. Ebenso ist es erforderlich, wegen des mangelnden Raums an Bord, die Maschinen so klein und kompakt wie möglich zu konstruieren. Bei den ersten Raddampfern (Anfang des Jahrhunderts) hatte man nur eine Maschine. Bald jedoch mußte man zwei anwenden und zusammenkuppeln, um den toten Punkt zu überwinden. Bis zu den vierziger Jahren waren hauptsächlich Balanciermaschinen in Gebrauch, dann kamen die oszillierenden, dann die Trunk- oder Kastenmaschinen, und in neuester Zeit noch verschiedene andere Konstruktionen. Die oszillierenden sind für Raddampfer, die Trunkmaschinen für Schraubendampfer am gebräuchlichsten und seien deshalb näher hier erwähnt. Taf. 15, Fig. 6 u. 7 stellt die Seiten- und obere Ansicht einer oszillierenden Raddampfmaschine dar. aa, die Dampfzylinder mit ihren Schiebekasten bb, sind mit ihren Kolbenstangen an den Krummzapfen f der Radwelle gekuppelt. Sie hängen mit Zapfen dd beweglich in Wellenlagern und oszillieren in diesen. Der den Kolben treibende Dampf tritt durch die hohlen Zapfen d vermittels des Rohrs e aus dem Kessel in den Zylindermantel a und von da, durch die Schieber reguliert, unter oder über den Kolben. Eine durch Exzentrik bewirkte Steuerung des Schiebers setzt den Maschinisten in den Stand, den Dampf nach Belieben über oder unter dem Kolben eintreten und dadurch die Schaufelräder und mit ihnen das Schiff vor- oder rückwärts gehen zu lassen.

Durch das Oszillieren der Zylinder verwandelt sich die geradlinige Bewegung der Kolbenstangen von selbst in die rotierende der Welle ohne weitere Hilfsmittel, wie bei den Balanciermaschinen, und die oszillierenden heißen deshalb direkt wirkende Maschinen.

cc sind die Luftpumpen, welche den bei d aus den Zylindern in die Kondensatoren strömenden verbrauchten Dampf mit dem zu seiner Verdichtung gebrauchten Kondensationswasser auspumpen und durch Röhren (Ausgußröhren) außer Bords schaffen. Rechts von der Maschine Fig. 6 erscheint der Durchschnitt des dampferzeugenden Kessels mit der Feuerung. Fig. 10 und 11 geben genauere Zeichnung eines solchen Kessels. Fig. 11k ist der Aschenfall, gg die Rostfläche, h die Feuerbrücke, a der Feuerraum. Das Feuer schlägt nach hinten hinauf, dann durch die Röhrenlager b, Fig. 10, und nach oben in den Rauchfang l. Die Röhrensysteme, welche das Wasser umspielt, haben den Zweck, eine große Heizfläche zu geben und das Wasser schneller zum Kochen, mithin zur Dampferzeugung zu bringen. Fig. 12 u. 13 sind Wasserstandshähne und Wasserstandsglas, mittels derer man die Höhe des Wassers im Kessel kontrolliert. Dies muß ein bestimmtes Niveau haben. Ist es zu hoch, so bleibt kein Dampfraum, ist es zu niedrig, so werden die Platten glühend, und es kann bei Bewegungen des Schiffs und des Wassers im Kessel leicht eine Explosion erfolgen. Fig. 14 u. 15 sind Sicherheitsventile, die sich bei hoher Dampfspannung öffnen und den Kessel vor Springen bewahren. Fig. 16 und 18 stellen Manometer vor, Instrumente, mit denen man den Dampfdruck, in Pfunden auf den Quadratzoll ausgedrückt, mißt. Große Niederdruckschiffsdampfmaschinen arbeiten gewöhnlich, wenn sie volle Kraft geben, mit einem Dampfdruck von 20-25 Pfd. in den Kesseln. Fig. 17 ist ein Salzmesser. Er dient zur Messung des

Salzgehaltes vom Kesselwasser; dieser darf eine bestimmte Grenze nicht überschreiten, teils weil starkgesättigtes Salzwasser schweren Dampf bildet, teils weil sich das Salz als Kruste auf dem Kesselboden ablagert, die Hitze schwer durch und die Kesselbleche verbrennen läßt. Fig. 19 und 20 sind Indikatoren, Instrumente, welche auf Papierstreifen eine Kurve zeichnen, deren Form den jeweiligen Dampfdruck als kontinuierliche Linie angibt.

Fig. 9 gibt eine Seitenansicht des gewöhnlichen Schaufelrades, Fig. 8 eine Seiten- und Fig. 7 eine obere Ansicht des Patentrades mit beweglichen Schaufeln. An der Nabe a des Rades (Fig. 8) sitzt eine andere b, welche sich exzentrisch herumbewegt und die mit ihr durch die Stangen d verbundenen beweglichen Schaufeln g in solche Lagen bringt, daß sie stets senkrecht in das Wasser tauchen, und so verbleiben, bis sie sich wieder aus dem Wasser erheben. Sie vollführen dadurch den größtmöglichen Nutzeffekt und sind den feststehenden Schaufeln an Wirkung bedeutend überlegen.

Die in Fig. 1 und 2 abgebildete Trunkmaschine hat zwar feststehende Zylinder a, aber deren Kolbenstangen d sind in einem anderen Zylinder b beweglich, der mit dem Kolben c verbunden im liegenden Dampfzylinder hin- und herfährt. Dadurch wird es möglich, die Kolbenstange direkt mit dem Krummzapfen e der Schraubenwelle w zu verbinden und dennoch eine rotierende Bewegung hervorzubringen. h ist der Schieber, f der Schieberkasten, g die Schieberstange, welche mit der Steuerung lm bewegt werden kann. m l k i g, Fig. 1 zeigen, wie die Steuerung diese Bewegung vermittelt. ßß sind die den Zylindern Dampf zuführenden Röhren.

Fig. 3-5 sowie 21 geben die Ansichten von Schiffsschrauben, welche in den letzten zwanzig Jahren die Räder fast ganz verdrängt haben, namentlich seitdem es gelungen ist, ihre Konstruktion so zu verbessern, daß sie ebenso viel Geschwindigkeit geben wie die Räder. Da die Schraube ganz unter Wasser liegt, so ist sie bei Seegang zweckmäßiger, als Räder, die bald tief eintauchen, bald in der Luft arbeiten und deswegen an Wirksamkeit verlieren. Für Kriegsschiffe hat aber die Schraube noch den großen Vorteil, daß sie gegen Geschosse gesichert ist, während die Räder leicht zerstört werden können.

Langjährige Versuche haben allmählich die zweckmäßigsten Formen für Schrauben festgestellt. Anfänglich ließ man einen Schraubenfaden sich ganz um die Welle winden, später nahm man zwei, dann entfernte man die inneren Teile und ließ, wie bei den Fischflossen die Flügel nach außen breiter werden. Ferner machte man Versuche mit drei und vier Flügeln, indem man wieder die äußeren Ecken abschnitt, und so änderte sich die Form von Jahr zu Jahr. Gegenwärtig ist die Fig. 21 abgebildete Griffith-Schraube mit Kugel in der Mitte als eine der besten befunden und allgemein gebräuchlich. Die Kugel soll die Ansammlung von Totwasser in dem Winkel der Schraubenflügel verhindern, das sich durch die schnelle Drehung dort bildet und der Fortbewegung des Schiffs hinderlich ist.

Fig. 3, Taf. 15, gibt die obere Ansicht einer gewöhnlichen zweiflügeligen Schraube und zugleich die Lagerung im Brunnen. Sie sitzt nicht an der Hauptwelle w fest, sondern ist durch den Zapfen a mit ihr verbunden, kann daher in See von der Welle entkuppelt und, wenn das Schiff nur segeln soll, im Brunnen mit einem Flaschenzug aus dem Wasser gehoben werden, um die Fahrt nicht zu hindern.

Der erste Raddampfer wurde 1807 in Amerika gebaut und zwar von Fulton, der erste Schraubendampfer 1828 von dem Österreicher Joseph Ressel, obwohl die Engländer Ericsson und Smith die Ehre dieser Erfindung reklamieren.

Erst 1840 begann sich jedoch die Schraube einzubürgern, wurde dann allgemein in die Kriegsmarine eingeführt und verdrängt infolge ihrer Verbesserungen und der ökonomischen Einrichtungen der Maschine immer mehr die Segelschiffahrt. Welche Fortschritte gerade die Schraube gemacht hat, erhellt daraus, daß die ersten Schraubenschiffe vor 30 Jahren 6-7 Knoten, die heutigen 15-16, also fast 4 geographische Meilen in der Stunde zurücklegen.

Bei ihren vielen Vorzügen hat die Schraube jedoch auch wesentliche Mängel. Durch Hindernisse im Wasser wird sie leicht beschädigt und ein in sie geratenes Tau setzt sie für längere Zeit außer Tätigkeit, ein Umstand, der für Kriegsschiffe im Gefecht sehr bedenklich werden kann. Ebenso läßt sie in Bezug auf Manovrierfähigkeit der Schiffe viel zu wünschen übrig. Beim Rückwärtsschlagen steuert das Schiff nicht und ist auch bei plötzlich eintretender Gefahr schwer zum Stillstand zu bringen.

Diesen Übelständen begegnet der dritte Motor von Dampfschiffen, die h y d r a u l i s c h e   R e a k t i o n. Es ist dies eine Erfindung des Engländers Ruthven und des deutschen Schiffbau-Ingenieurs Seydell in Stettin.

Das Prinzip dieser neuen Fortbewegungsmethode ist folgendes:

Eine durch die Dampfmaschine in Betrieb gesetzte Zentrifugalpumpe (Turbine) nimmt Wasser durch Öffnungen im Boden des Schiffs auf und schleudert es durch Röhren außer Bords. Diese Röhren münden auf jeder Seite des Schiffs entweder in ein bewegliches Stück mit e i n e r oder in ein festes mit z w e i Öffnungen. Ist die Röhrenmündung beweglich, so ist sie gebogen und läßt sich von Deck aus durch Hebelvorrichtung so stellen, daß der Wasserstrahl nach vorn, nach hinten oder gerade nach unten zeigt. Ist sie fest, so liegt die Mündung als zylindrisches Stück dicht über der Wasserfläche an der Schiffsseite und hat in der Mitte ein Ventil, das sich nach vorn oder nach hinten oder nach vorn u n d hinten zugleich öffnet. Durch die Reaktion des aus diesen Röhren permanent und mit großer Gewalt fortgeschleuderten Wasserstrahls bewegt sich das Schiff. Läßt man das Wasser nach hinten strömen, so geht das Schiff vorwärts, strömt es vorn aus, so geht es zurück, richtet man bei der beweglichen Mündung den Strahl nach unten oder läßt man bei der festen das Wasser nach vorn und hinten gleichzeitig ausströmen, so übt es gar keine Wirkung, und das Schiff steht still.

Praktisch wurde diese Erfindung zuerst in dem Reaktionsdampfer Albert in Deutschland angewandt, den Seydell 1861 in Stettin erbaute, und der seitdem fährt. Dann folgten zwei solche Dampfer in Belgien, dann ein Passagierdampfer (1866) auf der Themse und (1867) das englische Panzerschiff Waterwitch.

Die Erfindung hat sich bewährt, und es ist zu erwarten, daß sie der Schraube Konkurrenz machen und bei größerer Vervollkommnung jene, namentlich in der Kriegsmarine, verdrängen wird. Ihre Vorteile sind folgende: Die Schraube mit ihren Mängeln fällt fort. Die Maschine kann nach hinten in die Schärfe des Schiffs gelegt werden und es wird Raum gewonnen. Das Hinterschiff wird nicht durch den Schraubenbrunnen geschwächt, wird wieder wie bei den früheren Segelschiffen gebaut, und das Schiff erhält deren Manövrierfähigkeit, welche der Brunnen sehr beeinträchtigt hat. Das Schiff kann stillstehend sich um seine Achse drehen, indem man an einer Seite den Strahl nach vorn, an der anderen nach hinten ausströmen läßt. Wenn das Ruder beschädigt wird, kann man mit den Röhren steuern. Endlich kann das Schiff zum Stillstand, resp. zum Rückwärtsgehen gebracht werden, und der kommandierende Offizier dies selbst sofort durch einen Hebeldruck bewirken, ohne daß die Maschine ihren stetigen Gang im geringsten ändert.
Taf. 25, Fig. 1-4 gibt eine Darstellung der hydraulischen Reaktionsmaschine. Taf. 11, Fig. 4 zeigt die Lage einer Schraubenmaschine in einer Dampfkorvette. ll sind die Kessel, von denen zwei auf jeder Seite des Schiffs liegen, deren jeder vier Feuerungen hat, k sind die Zylinder und die eigentliche Maschine, ß die Wellenleitung und a die Schraube, welche in dem Brunnen y bis auf das Deck gehißt werden kann. Bei den großen Panzerschiffen sitzt die Schraube jedoch fest, und der Brunnen ist nicht bis an Deck geführt, um das Schiff nicht zu schwächen. In Fig. 5 ist die Stauung der Kohlen m um die Kessel ll und die Maschine k ersichtlich, denen sie als Schutz gegen Geschosse dienen sollen.

Der Kohlenverbrauch ist trotz der vielen neuen, auf Ökonomie der Feuerung gerichteten Erfindungen bei den Dampfmaschinen noch sehr bedeutend. Man kann auf die indizierte, d.h. auf die wirklich geleistete Pferdekraft immer noch 3 Pfd. pro Stunde rechnen, wenn mit vollem Dampf gefahren wird. Dies gibt z.B. für die deutsche Panzerfregatte König Wilhelm von 1200 nominellen oder 6000 indizierten Pferdekräften einen stündlichen Kohlenverbrauch von 18000 Pfd. = 9 Tonnen. Die Tonne zu 7 Thlr. gerechnet, macht dies pro Tag über 1500 Thlr. allein für Kohlen. Gewöhnlich wird jedoch nur mit halbem Dampf gefahren, und wo es irgend geht, wird gar nicht gedampft, sondern die Segelkraft benutzt.

Ausrüstung.

(Tafel 9, 11, 12, 13, 14, 18, 22 und 23.)

Die Ausrüstung eines Schiffes beinhaltet alles dasjenige, was nicht zum festen Schiffskörper gerechnet wird, aber erforderlich ist, damit das betreffende Schiff die Zwecke, für welche es gebaut ist, erfülle.

Daraus geht hervor, daß die Ausrüstung keineswegs bei allen Schiffen gleich sein kann, indessen gibt es eine Reihe von Gegenständen, welche mit sehr geringen Ausnahmen alle Schiffe gemeinsam haben und die im Nachstehenden näher bezeichnet werden sollen.

1. Rundhölzer

Unter diesen versteht man alle Hölzer, welche die Bemastung eines Schiffes bilden und die sämtlich eine mehr oder minder runde Form haben.

Die wichtigsten derselben sind a) die Masten selbst.

Masten nennt man die in der Mittellinie des Schiffs aufrecht stehenden Bäume, welche bestimmt sind, das Segelwerk zu tragen, und zwar einschließlich ihrer verschiedenen Verlängerungen.

Will man die letzteren besonders bezeichnen, so heißt der untere im Schiff auf dem Kiel ruhende Teil der Untermast, die erste Verlängerung die Stenge, die zweite die Bramstenge und die dritte die Oberbramstenge, jedoch ist letztere immer mit der Bramstenge aus einem Stück gefertigt und bildet nur ihre obere Hälfte. Die Masten werden bei kleineren Schiffen aus einem Baum gefertigt, bei größeren sind sie aus mehreren Stücken zusammengesetzt, die durch aufgetriebene eiserne Ringe verbunden werden. In neuester Zeit findet auf größeren Schiffen das Eisen für den Bau von Masten immer mehr Eingang. Die großen Panzerschiffe des Deutschen Reichs haben sämtlich eiserne Masten. Diese bestehen aus zusammengenieteten Blechzylindern, die innen in der Längsrichtung durch Eisenstreifen (von ihrer Form T-Eisen genannt) verstärkt sind.

Die eisernen Masten sind leichter, dauerhafter und auch elastischer als die hölzernen und dienen, weil sie hohl sind, gleichzeitig als Ventilatoren.

Die Masten werden von oben in die Schiffe gesetzt. Sie stehen in runden Öffnungen der verschiedenen Decks, in denen sie abgekeilt werden, und ruhen mit ihrem Fuß auf dem Kielschwein in einer Spur, d.h. in einem festgebolzten

Klotz, in den sie mit einem Zapfen greifen. Mastkragen von gestrichenem Segeltuch verhindern das Eindringen von Wasser durch die Öffnungen in den verschiedenen Decks.

Nach unten zu verjüngen sich die Masten, ihren größten Durchmesser haben sie im oberen Deck und werden nach oben zu wieder etwas dünner.

An ihrem oberen Ende tragen sie die Saling, ein Gerüst von Balken, von denen zwei in der Längsrichtung des Schiffs und zwei in diese eingezapfte und verbolzte querschiffs zeigen. Erstere heißen Lang-, letztere Quer- oder Dwarssalinge. Die Langsalinge ruhen auf den Mastbacken, Verstärkungen (Konsolen) an der rechten und linken Seite des Mastes (von der Kiellinie aus gerechnet).

Das Salinggerüst dient als Stützpunkt für die Mars (Taf. 12, Fig. 1, b, d, f), ein halbkreisförmiges horizontal liegendes Lattengerüst, das man früher mit dem Namen Mastkorb bezeichnete. Die Mars wird benutzt, um von dort das obere Segel- und Tauwerk besser bedienen zu können, sodann aber auch um den die Stenge seitwärts stützenden Tauen mehr Spreizung zu geben.

Über der Saling geht die runde Form des Mastes in eine achteckige über und endet oben an der Spitze in einen viereckigen Zapfen. Dieser achtkantige Teil des Mastes heißt der Top. Über den erwähnten Zapfen ist das Eselshoofd gestreift, ein mit Eisenband verstärkter Holzklotz, oder auch ein gänzlich von Eisen gefertigtes Stück, das zur Verbindung des Untermastes mit der Stenge dient. Es liegt horizontal auf dem Top, hat eine hinten viereckige Öffnung, welche über den Zapfen greift, und eine vordere runde, durch welche die Stenge geleitet und in der sie am Masttop festgehalten wird.

b) Stengen (Fig. 1, G, H, I). Die Stengen oder Marsstengen unterscheiden sich von den Masten in ihrer Form dadurch, daß sie an ihrem Fuß den stärksten Durchmesser haben und viereckig sind, sowie daß ihnen die Backen fehlen. Natürlich sind sie auch dünner als die Masten. Sie werden aus einem Stück Holz, in neuester Zeit aber auch aus Stahlblech gefertigt. Um sie an ihren Ort zu bringen, zieht man sie mittels eines starken Taues, des Stengewind-Reeps, an der Vorderseite des Mastes in die Höhe.

Die Mars hat ein viereckiges Loch, in welches der Fuß der Stenge genau paßt. Ist die letztere hoch genug, so wird durch eine viereckige Öffnung im Fuß der Stenge ein Schloßholz geschoben, d.h., ein hölzerner oder eiserner Keil, dessen Enden auf den Langsalingen ruhen. Auf das Schloßholz stützt sich dann die Stenge nach unten. Die runde Öffnung im Eselshoofd und die viereckige in der Mars zwischen den Salings halten sie am Mast fest. Oben auf der Stenge liegt die Bramsaling, die ganz so wie die Untersaling konstruiert ist; nur ruht sie nicht auf Backen, sondern auf der vorstehenden Rundung der Stenge, die hier sich zu einem Vierkant, dem Stengetop verjüngt. Eine Mars befindet sich nicht auf der Stenge.

Die Bramstenge (Fig. 1, K, M, O) ist analog der Stenge geformt und wird ebenso wie letztere aufgebracht und befestigt.

Die Oberbramstenge (L, N, P) läuft in eine Spitze aus, die meistens eine Flaggknopf trägt mit Rollen, über welche die dünnen Taue (Flaggleinen) fahren, an denen Flagge und Signale gehißt werden. Bei Kriegs- und großen Handelsschiffen ist meistens auch noch ein Blitzableiter in den Flaggknopf geschraubt, von dem eine Leitungskette nach unten und über Bord führt.

Der vordere Mast in Schiffen heißt regelmäßig der Fockmast mit Vorstenge, Vorbram- und Voroberbramstenge. Der zweite Mast wird Großmast genannt und seine Stücke erhalten den Zusatz Groß.

Der dritte heißt in Vollschiffen Kreuz-, in Barks oder dreimastigen Schonern Besanmast. Im ersteren Fall hat er Kreuz-, Kreuzbram- und Kreuzoberbramstenge, im letzteren nur eine Verlängerung, die Besanstenge.

c) Das Bugspriet. Dies ist ein vorn über den Bug mehr oder minder schräg hinausliegender Mast, der bei größeren Schiffen ebenfalls zwei Verlängerungen, den Klüver- und Außenklüverbaum, trägt. Das Bugspriet mit seinen Verlängerungen dient teils zur Segelführung, teils zum Stützen der Masten und Stengen nach vorn (Taf. 12, Fig. 1, D, E, F).

d) Die Rahen (W, X, Y). Sie sind die an Masten und Stengen horizontal und beweglich hängenden Segelstangen, an welchen die oberen Kanten der Segel befestigt werden. Sie haben die Form eines nach beiden Enden verjüngten Zylinders; die kleineren sind aus einem, die größeren aus zwei oder mehreren Stücken Holz gefertigt, oder auch aus Stahlblech. An den Masten oder Stengen werden sie durch das Rack festgehalten. Bei den Untermasten ist das Rack eine Schlinge von Kette oder Tau, die sich loser und fester ziehen läßt; die oberen Rahen haben an ihrer Mitte eine Klampe mit halbkreisförmigem Ausschnitt, der um die vordere Hälfte der Stenge greift. Ein durch die Enden der Klampe gehender Tauring umschließt die Stenge hinten, so daß dadurch eine Art Zylinder entsteht, der so viel Spielraum hat, daß er eine Bewegung der Rah sowohl in der horizontalen als vertikalen Ebene gestattet. Auf Handelsschiffen fertigt man jetzt die Racks vielfach aus Eisen. Ein an der Rah befestigter Bügel dreht sich horizontal um einen um die Stenge gestreiften, in vertikaler Richtung beweglichen Zylinder.

Die Rahen werden nach ihren zugehörigen Masten und Stengen benannt. Am Fockmast heißen sie von unten auf gerechnet Fock-, Vormars-, Vorbram-, Voroberbramrah; am Großmast Groß-, Großmars- usw. Rah; am Kreuzmast dagegen heißt die unterste die Bagienrah, dann folgt Kreuz-, Kreuzbram- und Kreuzoberbramrah. Die Enden der Rahen heißen Nocken. Taf. 13, Fig. 13 zeigt die Konstruktion einer Stahlblechrah, zugleich die von eisernen Masten und Stengen.

e) Die Gaffeln (Taf. 12, Fig. 1, T, S, Q). So nennt man Segelstangen, welche nicht vor den Masten und in der Querlinie des Schiffs, wie die Rahen, sondern hinter denselben und in der Längsrichtung angebracht sind. Sie stehen in schräger Richtung zu den Masten und haben an ihrem unteren Ende eine gabelförmige (wovon ihr Name) Klaue, mit der sie den Mast umfassen und an ihm Führung finden. Ist der Mast zu dick, so ist an seiner Hinterseite ein dünnerer, der Schnaumast, angebracht, an dem die Gaffel sich auf- und niederbewegt.

Man unterscheidet Vor-, Groß- und Besansgaffel. Einige Gaffelsegel und der Besan stets haben noch einen Baum (Fig. 1, R), d.h., eine ähnlich wie die Gaffeln hinter dem Mast angebrachte Segelstange, die jedoch horizontal liegt. An den Bäumen werden die äußersten unteren Ecken der Gaffelsegel ausgeholt.

Masten und Rahen oder Gaffeln haben alle seegehenden Schiffe; die einzige Ausnahme davon machen die Monitors, welche zwar auch gewöhnlich einen kurzen eisernen Mast besitzen, der jedoch nicht zur Segelführung, sondern zum Hissen von Signalen und als Ventilator dient.

2. Segel

Man unterscheidet Rahsegel, Gaffelsegel und Stagsegel; erstere sind viereckig, die Gaffelsegel haben die Form eines Trapez und die Stagsegel die eines Dreiecks. Die beiden letzteren faßt man auch in den gemeinschaftlichen Namen Schrat- (Schräg) Segel zusammen.

a) Die Rahsegel (Taf. 12, Fig. 1) sind, wie schon ihre Benennung andeutet, an die Rahen befestigt. Sie werden aus starkem Hanfgewebe, dem Segeltuch, gefertigt und sind mit biegsamem, aber sehr starkem Tauwerk, dem Liek, besäumt. Ihre obere Kante wird an den Rahen und zwar an einer auf deren oberen vorderen Seite befindlichen eisernen Stange, dem Jackstag (Fig. 45, b c), befestigt.

Die Namen der Rahsegel sind vom vorderen Mast und von unten auf gerechnet Fock-, Vormars-, Vorbram- und Voroberbramsegel (Fig. 1, II, V, XI, XIV), ferner Groß-, Großmars-, Groß-Bram- und Großoberbramsegel (I, IV, X, XIII), sodann am Kreuzmast Kreuz-, Kreuzbram- und Kreuzoberbramsegel (VI, XII, XV), dagegen führt die Bagienrah kein Segel. Die unteren Ecken der Fock und des Großsegels heißen Schoten (109, 111) und Halsen (110, 112), je nachdem sie bei seitlichem Wind nach hinten oder vorn gezogen werden; die unteren Ecken der übrigen Rahsegel jedoch sämtlich Schoten. Sie werden nach den Nocken der unter ihnen befindlichen Rahen ausgeholt.

b) Die Gaffelsegel sind mit ihrem oberen Liek an den Gaffeln befestigt und mit dem vorderen an hölzernen oder eisernen Bändern, die mit Spielraum um den Mast oder Schnaumast gestreift sind, bisweilen auch an einem den Schnaumast vertretenden eisernen Jackstag, dies jedoch nur in dem Fall, wenn die Gaffeln nicht zum Niederlassen eingerichtet sind. Bei dreimastigen Schiffen heißen die drei Gaffelsegel von vorn an gerechnet Vor-, Großgaffelsegel und Besan (III). Bei Briggs heißt das Gaffelsegel am Großmast Briggsegel, bei Schonern Großsegel. Schoner und Barks führen über den Gaffelsegeln, deren Masten keine Rahen haben, noch Gaffeltopsegel, dreieckige Segel, deren Spitze oben an den Stengetop gehißt und deren äußere Ecke (Schot) nach der Spitze der Gaffel ausgeholt wird. Die innerer Ecke (bei Gaffelsegeln stets fest und Hals genannt) wird am inneren (Klau-) Ende der Gaffel befestigt.

c) Die Stagsegel (Fig. 1, VII, VIII, IX). Dies sind dreieckig geformte Segel, welche zwischen Bugspriet und Fockmast oder zwischen den anderen Masten mit ihrer längsten Seite an beweglichen Ringen befestigt sind, die auf Taue (Stagsegelleiter, 29, 30, 34) gestreift werden. Zwischen Bugspriet und Fockmast fahren drei Stagsegel, das Vorstengestagsegel (VII), der Klüver (VIII) und der Außenklüver (IX). Zwischen Fock- und Großmast das Groß-Großstenge- und Großbramstagsegel; zwischen Groß- und Kreuz-, resp. Besanmast das Besan-Kreuz-, resp. Besanstenge- und Kreuzbramstagsegel. Die erwähnten Stagsegel zwischen Fock-, Groß- und Kreuzmast werden jedoch keineswegs von allen Schiffen gefahren.

Mars-Unter-Gaffelsegel und Besan lassen sich reffen, d.h. allmählich und bis auf ungefähr die Hälfte ihrer Fläche verkleinern, wenn der Wind stark wird. Das Reffen geschieht auf verschiedene Art. Am gebräuchlichsten ist es auf Handelsschiffen, bei Rahsegeln, die Reffbänder (Taf. 12, Fig. 3: 20, 21, 22) mit den darin befindlichen Reffzeisingen um die Rah zu binden. Die Reffbänder sind quer über die Segel genähte Segeltuchstreifen, in denen in nicht zu großen Abständen (18 Zoll) dünne Tauenden (Reffzeisinge) befestigt sind, deren eine Hälfte vor und deren andere hinter dem Segel hängt (s. III, beim Besan). Die Reffbänder schneiden Streifen von 2-4 Fuß Höhe vom Segel ab und wenn sie mit den Zeisingen um die Raa gebunden werden, so verkleinert sich das Segel um ebenso viel. In neuerer Zeit werden jedoch vielfach auf Handelsschiffen andere Methoden zum Verkleinern der Segel eingeführt, die weniger Mannschaft beanspruchen. Dies Marsrah ist dann so eingerichtet, daß sie beim Herunterlassen das Segel wie eine Rollostange um sich aufwickelt. Oder die Schiffe führen doppelte Marsrahen, d.h. an der Marsstenge zwei Rahen, jede mit einem Segel übereinander. Im Sturm wird das obere Marssegel festgemacht und das untere ist dann so klein, daß es fast jeden Sturm aushalten kann.

Auf Kriegsschiffen refft man auf die Taf. 12, Fig. 34 u. 46 abgebildete Art. Die Reffzeisingen sind oben am Jackstag der Rah befestigt und bestehen aus einer geflochtenen Schleife mit Knebel. Durch die Löcher der Reffbänder ist ein dünnes Tau gezogen (Fig. 46). Das Ende der Schleife wird durch je eine Bucht dieses Taues genommen, damit das Reffband an die Rah gezogen und die Schleife über den Knebel streift. Das eingereffte Stück Segel hängt dann in loser Bucht hinter dem Segel.

Die Gaffelsegel refft man von unten auf, indem man ihre Reffbänder um das Unterliek festbindet und die Gaffeln um so viel niederläßt. Durch das Reffen werden die Segel nicht nur kleiner, sondern der Druckschwerpunkt des Windes wird auch so viel niedriger gelegt. Stagsegel und Bramsegel werden nicht gerefft.

Außerdem gibt es nun noch Leesegel. Dies sind Hilfssegel von leichtem Tuch, die bei gutem Wetter und günstigem Wind seitwärts von den Rahsegeln an ausgeschobenen Bäumen (Leesegelspieren) gesetzt werden. Am Fockmast hat man Unter-, Vorober- und Vorbramleesegel (Taf. 13, Fig. 2, I, II, III), am Großmast, Großober- und Großbramleesegel. Am Kreuzmast führt man keine Leesegel. Man setzt die Leesegel fast ausschließlich an der Wind- (Luv-)seite, weil unter dem Wind (in Lee) ihnen von den Hauptsegeln der Wind fortgenommen wird.

3. Tauwerk

Man teilt das Tauwerk an Bord in stehendes und laufendes. Ersteres dient zum Stützen der Masten, Stengen und Rahen und steht fest; vermittels des letzteren werden Raaen, Stengen und Segel bedient und es ist beweglich.

a) Stehendes Gut. Das stehende Gut zerfällt wieder in Stage, Wanten und Pardunen.

Die Stage sind die Taue, welche Masten und Stengen nach vorn, d.h. gegen das Hintenüberfallen stützen. Sie sind meistens einfach, nur bei den Untermasten auf größeren Schiffen doppelt, weil beim Segeln schon der ganze Druck des Windes Masten und Stengen nach vorn biegt.

Die wichtigsten sind die Wasserstage (Taf. 12, Fig. 1: 39), meistens Kette. Sie halten das Bugspriet nach unten und müssen sehr stark sein, da Fockmast und alle Stengen direkt oder indirekt ihre Stütze im Bugspriet, resp. Klüverbaum, finden. Der Fockmast mit seinen Verlängerungen wird durch das Fockstag (20), Vorstenge- (29), Vorbram- (33) und Voroberbramstag (37), der Großmast durch Groß- usw. Stag (25, 28, 32, 37) und der Kreuzmast durch Kreuz-, Kreuzstenge- usw. (27, 31, 35, 38) oder durch Besan- und Besanstengestag bei Barks gehalten.

Die Stagen der Klüverbäume, welche nach unten weisen, heißen Stampfstage (5, 6) und werden in dieser Position durch den Stampfstock (7) gehalten.

Die Wanten sind die Taue, welche Masten und Stengen nach den Seiten stützen (1-12) und nach ersteren Fock-, Groß-, Kreuz- usw. Wanten genannt werden. Weil die Bemastung den größten Winddruck schräg von der Seite erleidet, so ist die Zahl der Wanten mehrfach. Eine gedeckte Korvette z.B. hat acht Fock- und Großwanten an jeder Seite. Aus einem Stück Tau werden stets zwei Wanten gefertigt. Man streift die Bucht über den Top und setzt die unteren Enden mit Hilfe von Flaschenzügen straff an.

Die Stengewanten (7, 8, 9) fahren nach dem Rand der Mars (a, d, f), um mehr Spreizung zu erhalten, die Bramwanten (11, 10, 12) aber nach den Enden der Bramsaling aus demselben Grund. Unter- und Stengewanten sind mit Webeleinen, dünnen Tauen ausgewebt, welche als Strickleitern dienen. Den Bramwanten fehlen diese; gewöhnlich befindet sich aber auf größeren Schiffen hinter der Bramstenge auch eine besondere Strickleiter (Jakobsleiter) angebracht, um erstere bequemer erklettern zu können.

Die Pardunen (Fig. 1, 16-24) stützen die Stengen nach der Seite und hinten, weil deren Wanten für diese Zwecke nicht ausreichen. Man benennt sie nach ihren zugehörigen Stengen Vorstenge-, Großbramstenge- usw. Pardunen. Auf größeren Schiffen sind sie an jeder Seite doppelt, auf kleineren einfach. Die Bugsprietpardunen heißen Bugstagen (Taf. 12, Fig. 4: 1), die des Klüver- und Außenklüverbaums (Fig. 4: 6. U. 7) werden durch die Blinderah (Fig. 4, d) seitwärts ausgestützt.

b) Laufendes Gut. In erster Reihe gehören zu ihm die Taue, mit denen die Rahen bewegt und die Segel gehandhabt werden.

Die festen Unterrahen hängen an den Masttoppen mit ihrer Mitte in Hangern. Diese sind meistens von Kette, auf größeren Kriegsschiffen außerdem noch von Tau gefertigt. Um die Rahen bei ihrer Länge vor dem Durchbiegen nach unten zu bewahren, hängen ihre Nocken in Topppenanten (Fig. 1: 72, 71, 73), die nach den verschiedenen Mast- oder Stengetoppen fahren. In horizontaler Richtung werden sie durch die Brassen (77-87) bewegt, resp. gestützt. Im Vor- und Großtop (womit man den ganzen Mast mit allem Zubehör bezeichnet) fahren die Brassen nach hinten, im Kreuztop nach vorn, weil sie nach hinten zu keinem Stützpunkt finden. Toppenanten und Brassen werden nach ihren zugehörigen Rahen benannt, also Vorbram-Toppenant, Kreuz-, Mars-, Brasse- usw. Da stehendes und laufendes Gut fast überall doppelt, d.h. an jeder Seite in gleicher Zahl vorhanden ist, so unterscheidet man es, indem man vor die Benennung Steuerbord oder Backbord setzt. Mit ersterem Zusatz bezeichnet man alles, was an der rechten (von hinten nach vorn gesehen), mit Backbord alles was an der linken Seite des Schiffs ist, z.B. Steuerbord-Focktoppenant, Backbord-Groß-Marsbrasse. Wo Toppenanten und Brassen einen Winkel bilden, sind sie über Scheiben (Rollen) geleitet.

Die Mars- und alle oberen Rahen ruhen, wenn die Segel fest sind, unten an ihren Stengen nahe über dem Eselshoofd. Werden dagegen die Segel gesetzt, so werden sie an ihren Stengen gehißt, wie Taf. 18, Fig. 1. Dies geschieht vermittels Tauen oder Ketten, die bei den Marssegeln Drehreepe, z.B. Kreuz-Mars-Drehreep, bei den kleineren Segeln aber Falle heißen, wie Großbramfall. Auch die Taue, mit denen man die Gaffeln an Masten auf- und niederbewegt, heißen Falle, und zwar das dem Mast nächste Klau-, das an der Spitze der Gaffel Pikfall (Taf. 12, Fig. 1: 90). Die Taue endlich, in welchen die äußeren Enden des Besans- oder sonstiger Bäume hängen, nennt man Dirke (89), sowie diejenigen, welche von den Gaffelspitzen an Deck führen und diese seitlich stützen, resp. in der Horizontale bewegen, Geerde (92, 120).

Zur Bedienung der Segel braucht man Geitaue, Gordinge, Refftaljen, Bulienen, Halsen, Schoten, Fallen, Niederholer.

Mit den Geitauen (142-148) holt man, wenn man die Segel fortnehmen will, deren untere Ecken nach der Mitte der Rah, mit den Gordingen, welche auf der Vorderseite der Segel fahren und deshalb auf der Zeichnung nicht sichtbar sind, schnürt man ihr loses Tuch an verschiedenen Punkten zusammen und unterscheidet man Nockgordinge, welche weiter nach außen, und Bauchgordinge, die nach der Mitte des Segels fahren. Mit den Refftaljen (140, 139, 141) holt man beim Reffen das Seitenliek der Segel straff nach den Nocken der Rah aus. Dadurch wird der einzureffende Teil des Segels lose und man kann die Reffbänder bequemer an die Rah binden oder knebeln. Halsen und Schoten sind bereits oben erklärt (S. 41); hier ist nur noch zu bemerken, daß die Taue, mit welchen diese Segelecken regiert werden, den gleichen Namen tragen. Die Stagsegel werden mit den Fallen (30, 108) aufgehißt und mit den Niederholern heruntergeholt, ebenso die Leesegel.

Die Gaffelsegel haben nur Gaffel-, Mittel- und Untergeitaue, keine Gordinge. Werden die Segel festgemacht, so geit man sie, rollt sie ganz straff auf die Rahen usw. und umwickelt sie mit platt geflochtenen Tauen, den Beschlagzeisingen. An den Rahen sitzen außerdem noch die Pferde (56-68), Taue, in denen die Leute stehen, wenn sie die Segel festmachen oder reffen.

Zu dem laufenden Tauwerk gehören außerdem noch die in sehr vielfältiger Zahl zur Verstärkung der Kraft in Anwendung kommenden Flaschenzüge. Sie heißen Klappläufer, Taljen oder Giens, je nachdem das betreffende Tau über eine, zwei bis vier oder über fünf bis sechs Scheiben (Rollen) in Blöcken (Kloben) fährt. Taljen und Giens bezeichnet man auch zusammen mit dem Namen Takel.

Taf. 12, Fig. 5-27 zeigen die verschiedenartigen Blöcke und Takel. Fig. 18 ist ein Gienblock, der darum sitzende Tauring heißt ein Stropp. Man macht die Stroppen vielfach aus Eisen (Fig. 20). Fig. 24-27 sind verschiedene Takel. Fig. 15 und 16 sind Jungfern, Blöcke, die man zum Ansetzen der Wanten gebraucht.

Das Material des Tauwerks ist meistens geteerter europäischer Hanf, bisweilen aber auch weißer Manilahanf. Letzterer ist nicht so stark wie europäischer, aber bedeutend leichter, und das Tauwerk schwimmt auf dem Wasser. Die verschiedenen Taue messen von 1-12 Zoll im Umfang und bestehen aus drei, vier oder neun Kardeelen (Strängen). Danach heißt das Tauwerk drei- (Fig. 30), vierschäftig (Fig. 29) (der fünfte Strang ist das in der Mitte sitzende Herz, um das die übrigen vier Stränge geschlagen werden), oder kabelgeschlagenes (Fig. 31). Ersteres wird im allgemeinen zu laufenden, das vierschäftige zu stehendem Gut, das kabelgeschlagene zu Lotleinen und Tauen für kleinere Anker verwandt. Die Kardeelen bestehen aus einzelnen Kabelgarnen, die möglichst dünn, aber so stark sein müssen, daß jedes derselben auf 1 Fuß Länge 100 Pfund Gewicht trägt, ohne zu brechen. Der beste Hanf für Tauwerk kommt aus Rußland.

Alles an Bord verwendete Tauwerk unter 1 Zoll Umfang nennt man Leinengut oder Bendsel und bezeichnet es nach der Anzahl Kabelgarne, die es enthält, Sechs-, Neun, Zwölf-, Achtzehngarnleine.

In neuerer Zeit wendet man für das stehende Gut immer mehr Drahttauwerk an. Es ist aus verzinntem Eisendraht wie das Hanftauwerk gefertigt und hat vor letzterem größere Stärke und Dauerhaftigkeit voraus. Es kann deshalb viel dünner als das entsprechende Hanftauwerk sein und hat demgemäß viel geringeren Windfang.

Einzelnes Tauwerk, was geschmeidig und doch sehr haltbar sein muß, wie z.B. das Steuerreep, das Tau, mit dem die Pinne des Steuerruders bewegt wird, ist aus dünnen Streifen ungegerbter Ochsenhäute gefertigt. Fig. 31-44 stellen Schleifen und Knoten dar, wie man sie zu verschiedenen Zwecken aus dem Tauwerk bildet; Fig. 41 ein eingespleißtes Auge, Fig. 35 ein gemarltes (flämisches) Auge; Fig. 34 eine Klampe, um welche die Enden des laufenden Guts belegt werden. Das neue Tauwerk wird in Rollen aufgewickelt aufbewahrt, welche Trosse heißen und eine Länge von 120 Faden (à 6 Fuß) haben.

4. Anker

Jedes Schiff muß verschiedene Anker haben, deren Zahl drei bis acht, je nach der Größe der ersteren, beträgt.

Man unterscheidet Bug-, Rüst-, Strom-, Wurf-Anker und Draggen.

Bug- und Rüstanker haben gleiche Größe und ihren Namen davon, daß erstere vorn am Bug unter dem Krahnbalken hängen, letztere aber in der Rüst plaziert sind. Erfahrung hat die Form der Anker und ihr Gewicht im Verhältnis zum Schiffskörper festgestellt. Für eine gedeckte Korvette, wie Fig. 1, Taf. 12, wiegen Bug- und Rüstanker je 50 Zentner.

Der Stromanker ist bedeutend leichter. Er wird bei Segelschiffen gebraucht, wenn diese in einem Strom oft ankern müssen und man sich die schwere Arbeit mit den Bugankern ersparen will.

Die Wurfanker benutzt man, um in ruhigem Wasser und wo man die Segel oder Maschine nicht gebrauchen kann oder will, das Schiff auf kürzere Strecken von einem Ort zum andern zu verholen. Sie wiegen je nach der Größe der Schiffe 15 bis ½ Zentner.

Taf. 13, Fig. 20 zeigt die alte Form des Ankers, Fig. 21, 22, 24 neuere Modelle, die ersteren beiden mit beweglichen Armen. Fig. 23 ist ein Champignon-Anker, der sich immer tiefer in den Grund gräbt, je länger er liegt. Er wird hauptsächlich für Feuerschiffe angewandt, welche Schiffe vor Untiefen warnen und die daher genau an derselben Stelle jahraus jahrein liegen müssen. Fig. 25 ist eine Dragge, wie ihn kleinere Fahrzeuge haben. Fig. 19 zeigt eine Ankerboje, ein schwimmender Körper, der, mit dem Bojereep am Anker befestigt, die Lage des letzteren im Grund oben auf der Wasserfläche angibt.

In früheren Zeiten hatte man allgemein Ankertaue, die auf Linienschiffen einen Umfang von 24 Zoll erreichten. Sie waren sehr schwer zu regieren und auf scharfem felsigen Boden scheuerten sie leicht entzwei. Seit Anfang dieses Jahrhunderts sind die Taue allmählich durch Ketten verdrängt, und diese sind jetzt ganz allgemein. Nur für Strom- und Wurfanker benutzt man Taue von 5-12 oder 13 Zoll Umfang.

Die Ankerketten für größere Schiffe sind 100-120 Faden lang; je 15 Faden sind durch ein zu öffnendes Glied, Schäckel, verbunden, um, wenn es einmal nötig werden sollte, den Anker im Stich zu lassen, nicht die ganze Kette verlieren zu müssen. Handelsschiffe haben gewöhnlich zwei, Kriegsschiffe dagegen vier Ankerketten für Bug- und Rüstanker und meistens noch eine für Stromanker.

Das Haltbarkeitsverhältnis der Ketten zu Tau ist wie 10:1, wobei die Kette nach dem Durchmesser, das Tau nach dem Umfang gemessen wird; ein 21 Zoll im Umfang haltendes Tau entspricht deshalb einer Kette von 2 Zoll Durchmesser.

Die Ankerketten müssen von bestem zähen Eisen und auf das sorgfältigste geschmiedet sein, da von ihrer Haltbarkeit oft die Sicherheit des Schiffs abhängt. Vor dem Gebrauch an Bord werden sie auf Zugmaschinen (hydraulischen) probiert und müssen eine zu ihrem Durchmesser im Verhältnis stehende gesetzlich vorgeschriebene Belastung aushalten.

Die Ketten fahren durch die Klüsen im Bug des Schiffes nach innenbords und werden mit besonderen Winden, den Spillen, eingewunden. Man hat Brat-, Patent- und Gangspille. Bratspille haben die meisten Handelsschiffe, Patent- und Gangspille die großen Dampfer und die Kriegsschiffe.

Bratspille sind querschiffs vorn auf dem Oberdeck in festen Lagern sich drehende Walzen, um welche wegen der nötigen Reibung die Kette mit drei Schlägen genommen wird. Die Walze hat viereckige Löcher, in welche man Hebel (Handspeichen) steckt, mit denen man erstere dreht. Gegen das Zurückgehen sichern die Pallen, eiserne starke Platten, welche an einem unmittelbar vor dem Spill aufrecht stehenden Balken, der Pallstütze, beweglich angebracht sind und in den Pallkranz, einen um die Mitte des Spills gelegten eisernen Kranz mit Stufen, greifen. Statt der Handspeichen wendet man in neuerer Zeit eine Art Pumpenhebel an, die mehr und gleichmäßigere Kraftäußerung geben.

Die Patentspille (Taf. 13, Fig. 3 und 4) sind mit eisernen Hohlkehlen umgeben, in welche sich die Kettenglieder festkneifen, so daß die Kette z.B., wenn sie durch Morastboden sehr schlüpfrig ist, nicht rutschen kann. Die Patentspille werden durch Pumphebel, Gangspille oder auf den großen Schiffen auch durch Dampf getrieben (Taf. 13, Fig. 3 und 4).

Die Gangspille (Fig. 5) sind aufrechtstehende Walzen, auf größeren Schiffen gewöhnlich doppelt, d.h. eins auf dem Oberdeck, das andere in der Batterie, und beide drehen sich um dieselbe Spindel. Sie werden mit Hilfe von langen Gangspillspeichen bewegt, die in Löcher des Spillkopfs b passen.

Die Kette greift in eine eiserne Hohlkehle (c, Fig. 5) wie bei den Patensspillen, der Pallkranz ist im Deck befestigt und die Palle unten am Spill. Die Ketten ruhen beim Nichtgebrauch in Kettenkasten, Behältern in der Nähe des Großmastes. Ihre inneren Enden sind um den Mast oder um einen Zwischendecksbalken befestigt. Wenn das Schiff vor Anker liegt, werden die Ketten durch verschiedene Klemmvorrichtungen (Kettenstopper) an mehreren Punkten des Decks festgeklemmt.

5. Boote

Die Boote haben nicht nur die Bestimmung, die Kommunikation zwischen Schiff und Land zu vermitteln, sondern sie sollen auch im Stande sein, bei einem das Schiff betreffenden Unfall die Besatzung zu retten. Ihre Zahl und Größe muß deshalb so bemessen sein, daß sie, ohne ihre Seefähigkeit einzubüßen, d.h. ohne überladen zu sein, die ganze Besatzung aufnehmen können.

Auf mittleren Handelsschiffen hat man gewöhnlich ein Großboot, eine Schaluppe oder Jolle und eine Gig; auf größeren Passagierdampfern sechs bis acht mit Luftkasten versehene sogenannte Rettungsboote, auf Kriegsschiffen Barkassen, Pinassen, Kutter, Jollen und Gigs.

Das Großboot, dessen Länge auf mittelgroßen Handelsschiffen etwa 22-24 Fuß bei einer Breite von 6-7 Fuß beträgt, und das besonders stark gebaut ist, steht auf dem Oberdeck in Klampen. Man setzt es mit Flaschenzügen (Stag- und Nocktakel) aus, indem man es zuerst mit den Stagtakeln (Taf. 12, Fig. 1: 48, 49) perpendikulär in die Höhe hebt und es kann mit den an den Rahenden herabhängenden Nocktakeln über die Schiffsseite nach außen zieht. Das umgekehrte Verfahren tritt beim Einsetzten ein. Schaluppen, Jollen und Gigs sind kleiner, leichter und schlanker als das Großboot. Sie hängen in See an hölzernen oder eisernen Kränen (Taf. 11, Fig. 4, gg), den Bootsdavids (Taf. 12, Fig. 1, p), die an den Seiten des Schiffs und auf dem Heck angebracht sind.

Barkassen und Pinassen der Kriegsschiffe sind deren schwerste Boote, erstere 30-36, letztere 25-30 Fuß lang. Sie stehen in See wie die Großboote mittschiffs auf dem Deck (Taf. 11, Fig. 4, hh); die Pinassen gewöhnlich in den Barkassen. Sie sind eingerichtet, um Geschütze zu führen, in der norddeutschen Marine gezogene Vierpfünder, die zugleich eine Landlafettierung haben und sich deshalb auch am Land verwenden lassen. An Mannschaften faßt die Barkasse einer Panzerfregatte etwa 100-120 Mann. Die großen Dampfkriegsschiffe haben gewöhnlich zwei Barkassen, davon eine mit transportabler Schraubenmaschine versehen. Die nächstkleineren Boote, Kutter, Gigs und Jollen, hängen in Bootsdavids. Die Gig ist das für den Kapitän allein bestimmte Boot.

Das Material der Boote ist verschieden, Eichen, Mahagoni, aber auch vielfach Fichte und Ulme. Ebenso ist ihre Form und Bauart außerordentlich verschieden, und jedes Land hat seine eigenen Usancen. Die meisten haben Rippen, auf welche dann die Planken der Länge nach genagelt oder genietet werden. Viele werden aber auch diagonal gebaut, d.h. man konstruiert sie nur aus zwei übereinanderliegenden, sich diagonal kreuzenden Reihen Planken ohne Inhölzer. Die Rettungsboote der Passagierschiffe sind meistens aus kanelliertem Eisenblech gefertigt. Sie werden dadurch leichter und haben große Tragkraft, indessen sind sie schwerer zu reparieren, wenn sie beschädigt werden, während man ein Loch in einem Holzboot leicht dadurch stopfen kann, daß man ein Stückchen Bleiplatte darüber nagelt.

Die Boote werden hauptsächlich durch Riemen fortbewegt, führen jedoch fast sämtlich auch Segel, und zwar meistens schräge Loggersegel.

6. Flaggen

Jedes Schiff muß eine Flagge führen, und zwar die seiner Nation. Das Führen einer anderen Flagge steht mit gefälschten Papieren auf gleicher Stufe. Wird ein Handelsschiff mit falscher Flagge angetroffen, so verfällt sein Führer in schwere Strafe. Taf. 14 zeigt die Flaggen der seefahrenden Nationen.

Ein bestimmter Platz für die Nationalflagge an Bord existiert zwar nicht, jedoch ist es Usus, sie an der Spitze des hintersten (Besans) Gaffel zu führen (Taf. 9, Fig. 1 und 3). Wenn Schiffe sich auf See begegnen, so zeigen sie gewöhnlich ihre Flaggen, und gilt dies als internationale Höflichkeit.

Kommen Kriegsschiffe in einen fremden Hafen, so begrüßen sie das Land mit 21 Kanonenschüssen, und um zu markieren, wem der Gruß gilt, wird am Vortop des Schiffs die betreffende Nationalflagge gehißt. Zu diesem Zweck führen Kriegsschiffe die Flaggen der Länder, mit denen sie voraussichtlich in Berührung kommen, mit sich.

Außerdem haben die Schiffe noch Signalflaggen an Bord, um sich gegenseitig zu verständigen. Bis vor kurzem galt das Marryat'sche Signalsystem als international, und fast alle Schiffe bedienten sich desselben; in letzter Zeit ist jedoch ein neues vollkommeneres ausgearbeitet und von den seefahrenden Mächten offiziell angenommen. Mit Hilfe desselben können sich die Schiffe der verschiedenen Nationen jede beliebige Mitteilung machen. Die Signalflaggen unterscheiden sich sowohl durch ihre Form, als namentlich durch ihre Farbendarstellung voneinander. Man hat viereckige Flaggen, dreieckige Stander und Wimpel. Letztere sind noch einmal so lang, aber nur halb so breit wie die Flaggen und haben eine Zunge. Die verschiedenen Signalzeichen bedeuten Zahlen oder Buchstaben und ihre Kombinationen entsprechen Sätzen, Worten oder Buchstaben im Signalbuch.

Endlich gibt es unter den Seeleuten gewisse allgemeine Signale, die jeder auch ohne Signalbuch versteht. Weht z.B. eine Flagge im Schau, d.h., ist sie zusammengebunden gehißt, so bedeutet dies, daß sich das betreffende Schiff in Not befindet und dringender Hilfe bedarf.

Für seine Kriegsmarine hat jedes Land noch ein eigenes Signalsystem, das vor anderen Nationen geheim gehalten wird und bei einer befürchteten Entdeckung sofort sich ändern läßt. Die Signalbücher der Kriegsschiffe sind oft mit Bleideckeln gebunden, und es ist Pflicht eines Kommandanten, sie sofort über Bord zu werfen, wenn sein Schiff vom Feind genommen wird.

Die rote Farbe ist in den Signalflaggen am stärksten vertreten, weil sie am weitesten zu sehen ist. Bei Nacht gibt man Signale mit Zusammenstellung von Laternen, mit Raketen, Fackelfeuern, mit durch Maschinerie geregelten Lichtblicken von längerer oder kürzerer Dauer und Kanonenschüssen, jedoch sind dieselben immer mehr oder minder unvollkommen und können leicht zu Irrtümern führen.

Im Nebel verständigt man sich durch Kanonenschüsse, Glockentöne, Signalhörner und Dampfpfeife, was jedoch nur noch unvollständiger geschehen kann als durch Nachtsignale.

Nach einem seit 1863 als international angenommenen Gesetz müssen alle Schiffe während der Nacht verschieden gefärbte Laternen an bestimmten Plätzen führen, um daran sowohl die gegenseitige Position, als auch zu erkennen, ob das begegnende Schiff ein Segel- oder Dampfschiff ist. Dampfschiffe führen eine weiße Laterne am Fockmast, die den ganzen Horizont beleuchtet, an Backbord ein rotes, an Steuerbord der Verschanzung ein grünes Licht, Segelschiffe nur die beiden letzteren. Diese dürfen ihren Schein nicht hinter den Querschnitt des Schiffs werfen. Sieht man dann z.B. ein weißes, rotes und grünes Licht gleichzeitig, so kommt ein Dampfschiff gerade auf uns zu. Sieht man nur ein rotes, so ist dies ein Segelschiff, das in schräger Richtung, und zwar von rechts nach links, sich uns nähert, weil wir sein Backbord (linkes) Vorderteil sehen.

Ebenso gibt es internationale Gesetze über das Ausweichen auf See. Wer dieselben nicht befolgt, muß bei einer Kollision den Schaden bezahlen.

7. Instrumente

Um ein Schiff über See zu führen und seinen Weg zu bestimmen, sind verschiedene Instrumente erforderlich, mit denen teils Beobachtungen auf der Erde, teils am Himmel angestellt werden, mit deren Hilfe man den zurückgelegten Weg oder den geographischen Ort des Schiffs durch Rechnung ermittelt.

Die wichtigsten und unentbehrlichsten Instrumente sind der Kompaß, das Log, das Lot, der Sextant und der Chronometer.

Der Kompaß (Taf. 14, Fig. 55) besteht aus der in 32 Striche oder Windrichtungen eingeteilten Rose, einer kreisförmigen Karte, deren Nord- und Südpunkte, mit denen der darunter befestigten Magnetnadel zusammenfallen. Diese Rose schwebt mit möglichst wenig Reibung auf einem Stift, der in der Mitte eines zylindrischen Gehäuses aufrecht steht. Der Zylinder hängt wieder in Universalgewinden, damit er bei den Schwankungen des Schiffs stets in horizontaler Richtung bleibt. Auf dem Innern des Gehäuses sind oberhalb der Rose vier vertikale Striche, Steuerstriche, im Abstand von 90 Graden markiert. Wenn dann das Kompaßhaus so aufgestellt wird, daß zwei sich gegenüberliegende Steuerstriche genau mit der Kiellinie parallel sind, so gibt der Winkel zwischen Magnetnadel (Nord- und Südlinie der Rose) und dem vorderen Steuerstrich den Kurs des Schiffs an, d.h., den in Strichen oder Graden ausgedrückten Winkel, um welchen seine Kiellinie von der Nord- und Südlinie abweicht. Soll z.B. Nordost gesteuert werden, so wird das Schiff mit Hilfe des Ruders so lange gedreht, bis der auf der Rose befindliche Nordost-Strich mit dem Steuerstrich zusammenfällt, und es ist die Aufgabe des Steuernden, diese beiden Striche in Koinzidenz zu halten. Es sei hier gleichzeitig bemerkt, daß Matrosen und nicht, wie vielfach angenommen wird, die Steuerleute das Schiff steuern.

Das Log ist ein Instrument, um die Geschwindigkeit des Schiffs zu messen. Es besteht aus dem Logscheit (Taf. 14, Fig. 57), aus der Logleine (Fig. 58), der Logrolle (Fig. 59) und dem Logglas (Fig. 65). Das Scheit oder Bret ist ein hölzerner, am Rand mit etwas Blei beschwerter Kreissektor. Es schwimmt aufrecht und soll durch seinen Widerstand beim Auslaufen der Leine als fester Punkt im Wasser dienen. Die auf die leichtdrehende Rolle aufgewickelte Leine ist in Knoten geteilt, deren Länge im Verhältnis zur Ablaufzeit der benutzten Sanduhr, Logglas, steht.

Letzteres läuft gewöhnlich 15 Sekunden und dann ist der Knoten 25 Fuß lang, und zwar auf Grund einer einfachen Proportionsrechnung. Man rechnet auf See nach Seemeilen, à 6000 Fuß, von denen 60 auf einen Äquatorgrad gehen, also vier auf eine geographische Meile. Läuft deshalb ein Schiff in 15 Sekunden 1 Knoten, so läuft es in einer Stunde 1 Seemeile oder in einer Wache (4 Stunden) 1 geographische. Als Ausgleichung für die bei dieser Meßmethode entstehenden Fehler hat die Praxis ergeben, daß man die Knoten 22½ Fuß lang machen und das Glas 14 Sekunden laufen lassen muß.

Sagt man von Schiffen, sie laufen 14 Knoten, so bedeutet dies also, sie machen in einer Stunde 14 Seemeilen oder 3½ geographische.

Das Patentlog (Fig. 64) ist ein Instrument von größerer Genauigkeit als das gewöhnliche Log. Durch die Fahrt des Schiffs drehen sich die Flügel im Verhältnis zu dessen Geschwindigkeit. Die Drehung setzt ein Uhrwerk in Bewegung (b), und auf dessen Zifferblättern zeigt sich die abgelaufene Distanz. Das Patentlog schleppt beständig außenbords, während das alte Log nur alle halben oder ganzen Stunden ausgeworfen wird, aber ersteres wird leicht beschädigt und findet deshalb weniger Eingang.

Das Lot (Senkblei) dient, um Tiefe und Beschaffenheit des Meeresbodens zu ergründen und, da diese in den Karten angegeben sind, aus ihnen einen Anhalt für den Ort des Schiffs zu gewinnen, wenn andere zuverlässige Beobachtungen fehlen. Man benutzt Handlote von 7-9 Pfund für Tiefen bis 20 Faden, Tieflote von 30-60 Pfund für Tiefen bis 100 oder 200 Faden (Fig. 60). Im unteren breiten Ende hat das Lot eine Höhlung, die mit Talg ausgefüllt wird, an dem dann Teile des Grundes haften bleiben. Für Tiefen bis zu 4000 oder 5000 Faden (1 geographische Meile) benutzt man das Brooke'sche Tieflot (Fig. 61). Dies ist eine auf den hohlen Zylinder (Fig. 62) aufgestreifte und von der Schlinge (Fig. 63) gehaltene Zweiunddreißigpfünder-Kugel, der als Lotleine eine dünne, aber sehr haltbare Seidenschnur dient. Sobald der Zylinder mit der Kugel auf den Grund stößt, klappen die Schlingenhalter nieder, die Schlinge und mit ihr die Kugel streift sich ab, und letztere bleibt auf dem Grund liegen, um beim Aufholen die

Seidenschnur nicht zu brechen. Der hohle Zylinder wird aufgeholt und bringt Proben des Meeresgrundes mit sich in die Höhe.

Der Sextant (Taf. 14, Fig. 56) ist ein Reflexions-Instrument, mit dem man Gestirnshöhen und ihre Abstände voneinander nimmt, aus denen man Zeit und geographischen Ort des Schiffes berechnet.

Der Chronometer ist eine sorgfältig gearbeitete und auf die Zeit des ersten Meridians (Greenwich) gestellte Uhr von möglichst gleichmäßigem Gang, deren täglicher Fehler bekannt ist. Da man nun im Stand ist, aus dem Stand der Gestirne die Zeit an Bord zu berechnen, so ergibt ein Vergleich mit der vom Chronometer gezeigten Zeit des ersten Meridians die geographische Länge des Schiffsortes.

Sonstige Instrumente sind noch die wichtigen Barometer, Thermometer, Sprachrohr (Fig. 69) und Fernrohr. Fig. 66 stellt ein Aneroidbarometer dar. Außerdem muß jedes Schiff mit Seekarten der von ihm zu besuchenden Häfen und Meere versehen sein.

8. Proviant und Wasser

Die Eigentümlichkeiten der Schiffahrt bedingen, daß man an Bord Speise und Trank für die Besatzung mitführen muß. Da die Reisen oft jahrelang dauern und in manchen Häfen einzelne notwendige Proviantartikel gar nicht zu haben sind, so setzen sich die mitzunehmenden Lebensmittel hauptsächlich aus solchen zusammen, die sich entweder in natürlichem Zustand oder künstlich lange Zeit konservieren lassen. Der Hauptsache nach bestehen die Schiffsprovisionen deshalb aus eingepökeltem Rind- und Schweinefleisch, aus Hülsenfrüchten, Graupen, Mehl und Brot. Letzteres, unter dem Namen Schiffszwieback bekannt, besteht aus bestem Weizenmehl und ist sehr hart gebacken. In Fässern oder Säcken gegen Feuchtigkeit bewahrt und gut mit Rum eingesprengt, hält dieses Brot sich jahrelang vortrefflich.

In neuerer Zeit hat die Industrie in der Konservierung von allen möglichen Lebensmitteln in frischem Zustand außerordentliche Fortschritte gemacht. Es gibt fast keine Speise, die sich in luftdicht verschlossenen Büchsen nicht jahrelang gut konservieren ließe, sei es Braten, Gemüse, Pudding, Milch oder etwas anderes, und man findet deshalb jetzt auf den Schiffen eine ebenso große Abwechslung von Speisen wie auf dem Land, wenigstens auf den Tischen der Offiziere oder Passagiere. Für die Mannschaft würde freilich eine alleinige Bespeisung mit präservierten Sachen zu kostspielig werden, indessen erhalten die Matrosen auf unseren deutschen Kriegsschiffen zweimal wöchentlich frisches, in luftdichten Büchsen aufbewahrtes Fleisch, das in Gallert fabriziert wird und sich auch ziemlich billig stellt

(7 Sgr. pro Pfd. ohne Knochen). Ebenso auch präserviertes Gemüse. In früheren Zeiten, wo man eine solche Abwechslung in Speisen nicht kannte, trat häufig der Skorbut an Bord der Schiffe auf, jedoch kommt derselbe jetzt nur noch selten vor.

Das Wasser nahm man ehedem in Fässern mit, die man innen verkohlt hatte, weil Holzkohle das Wasser konserviert. Trotzdem faulte es in den Tropen und nahm erst nach Beendigung dieses Prozesses wieder einen erträglichen Geschmack an. Leichtsinn der betreffenden Schiffsführer versäumte es bisweilen, eine ausreichende Quantität Wasser mitzunehmen; unvorhergesehene Umstände verzögerten die Reife, ein erwarteter Regen blieb aus und es trat dann jene furchtbare Geisel der alten Schiffahrt, der Wassermangel, auf. Darin hat ebenfalls die Neuzeit Wanden geschaffen.

Die Wasserfässer nahmen sehr viel Platz ein; statt ihrer führt man jetzt allgemein eiserne Wasserkästen (Taf. 13, Fig. 12) ein, die man in alle möglichen Formen bringen und zur Ausfüllung von scharfen Ecken benutzen kann, wo sie weder Laderaum stehlen, noch wo Wasserfässer liegen können. Die Kästen bergen deshalb von vornherein bedeutend mehr Wasser als Fässer auf demselben Raum. Außerdem sind die Reisen gegen früher nach Auffindung neuer Wege selbst für Segelschiffe ganz bedeutend gekürzt und endlich werden jetzt die meisten Schiffsküchen so eingerichtet, um täglich bis zu 100 Quart Trinkwasser aus Seewasser zu destillieren. Wenngleich dieses destillierte Wasser nicht besonders gut schmeckt, so ist es doch zum Kochen der Speisen zu verwenden und schadet der Gesundheit nicht. Ihm fehlt nur die nötige Quantität Luft, jedoch kann man auch diesen Mangel sehr verbessern, wenn man das so destillierte Wasser mehrere Tage in flachen Gefäßen der freien Luft aussetzt und es oft umrührt.

Auf allen größeren Dampf- und namentlich auf Kriegsschiffen befindet sich jedoch der (um 1855) von Normandy erfundene und seitdem sehr verbesserte Destillierapparat, welcher vollkommen gutes Trinkwasser aus Seewasser und täglich 12-1800 Quart herstellt. Die äußere Ansicht dieses Apparates stellt sich Taf. 23 in Fig. 1 dar. Er wird durch die drei aufrechtstehenden Zylinder gebildet, welche man im untersten Raum vor der Maschine in der Nähe des Schornsteins erblickt. Die beiden großen Zylinder enthalten jeder ein Röhrensystem, in welche Dampf aus den Schiffsdampfkesseln geleitet und kondensiert wird, da ein kalter Wasserstrom diese Röhren beständig umspült. Der Dampf von Seewasser ist bekanntlich ohne Salzgehalt und gibt beim Niederschlag süßes Wasser, dem nur Luft fehlt. Diese setzt nun der Apparat in der erforderlichen Quantität auf folgende Weise zu. In dem Zylinder, in welchen der Dampf zuerst tritt, gibt er an das die Röhren umspülende Wasser so viel Hitze ab, daß dasselbe auch ins Kochen gerät und dabei die in ihm enthaltene Luft entbindet. Diese Luft wird durch ein Rohr in den zweiten Zylinder geleitet und mischt sich dort mit dem niederschlagenden Dampf. Durch Versuche ist das Quantum des zu diesem Zweck zu verdampfenden Wassers im ersten Zylinder geregelt. Das so gewonnene aerierte Wasser wird dann noch durch den dritten Zylinder, einen mit Holzkohle gefüllten Filter, geleitet, der es von jedem öligen und schlechten Geschmack reinigt, und man erhält sofort kühles schönes Trinkwasser. Diese Erfindung ist für die Schiffahrt so wichtig, daß Normandy für seinen Apparat von der englischen Regierung eine Belohnung von 20000 Pf. St. erhielt.

Die Rationen für die Schiffsbesatzungen sind reichlich bemessen, da der Dienst körperlich sehr anstrengend ist. Jeder Mann erhält unter anderem täglich 1 Pfund gesalzenes Rindfleisch oder ¾ Pfund präserviertes frisches (ohne Knochen) oder ½ Pfund gesalzenes Schweinefleisch. Ferner 1 Pfund Hartbrot oder 1¼ Pfund frisches (an Bord der großen Passagier- und Kriegsschiffe wird täglich Brot gebacken), 1 Lot Kaffee, ½ Lot Tee, 2 Lot Zucker. Von Hülsenfrüchten wird selten Ration gegeben, sondern so viel, wie die Leute essen. An Wasser rechnet man gewöhnlich 4 Quart pro Kopf und Tag; bei scharfer Ration 3, 1 zum Trinken, 2 zum Kochen. Auf Handelsschiffen befindet sich Proviant und Wasser unter Aufsicht des Steuermanns, auf Kriegsschiffen unter der des Zahlmeisters und ersten Offiziers.

9. Bewaffnung

Die Bewaffnung der Schiffe besteht aus Geschützen und Handwaffen, jedoch findet sie sich auf Handelsschiffen verhältnismäßig selten, während sie auf Kriegsschiffen selbstverständlich ist.

Nur solche Kauffahrteischiffe, welche Gegenden besuchen, wo Piraterie getrieben wird, wie z.B. in den chinesischen Gewässern, führen mehrere, wenn auch kleine Geschütze. Die Bewaffnung der Kriegsschiffe hat sich in den letzten Jahrzehnten außerordentlich geändert.

Geschütze wurden an Bord von Schiffen in der Mitte des 15. Jahrhunderts eingeführt. Anfänglich waren ihre Kaliber klein und man suchte deshalb durch Massen von Geschützen zu wirken. So gab es im 16. Jahrhundert englische und spanische Linienschiffe, die 150 Geschütze vom 24-Pfünder bis zum 2- und 1-Pfünder herab führten, obwohl sie kaum halb so groß waren wie die heutigen Linienschiffe.

Dann machte sich allmählich ein Streben nach größerer Einheit der Kaliber geltend, und mit dem stärkeren und zweckmäßigeren Bau der Schiffe, sowie mit der Verbesserung der Eisenindustrie konstruierte man die Geschütze größer.

Im vorigen Jahrhundert führten die größten Linienschiffe 120 Kanonen. Davon standen die schwersten (32-Pfünder von 60 Zentner Rohrgewicht) in der untersten Batterie, in der zweiten waren 24-Pfünder (50 Zentner) und in der obersten gewöhnlich 18-Pfünder (30 Zentner).

Gegen Ende des vorigen Jahrhunderts erfand man die Karronaden. Sie hatten ein großes Kaliber (40-60 Pfund schwere Kugeln) und waren kurz und leicht in den Röhren. Um sie nicht zu sprengen, war ihre Pulverladung bedeutend verkleinert. Während man aus den gewöhnlichen langen Kanonen mit einer Pulverladung von ⅓ Kugelschwere schoß, gab man den Karronaden nur 1/6 Kugelschwere. Dadurch wurde natürlich die Tragweite und die Sicherheit des Treffens beschränkt, aber man ging in der Schlacht so viel näher aneinander, und dann wirkten natürlich 60pfündige Karronaden durch ihre schweren Kugeln bedeutend mehr als 32pfündige lange Geschütze.

Die Karronaden wurden gegen 1770 erfunden und tragen ihren Namen von ihrem ersten Verfertiger Karron, einem Schotten. Taf. 18, Fig. 5 zeigt eine Karronade, Fig. 1 eins der früher gebräuchlichen langen, glattläufigen Geschütze. Die Röhren liegen in Lafetten, und zwar die langen mittels seitlicher Schildzapfen, während die (jetzt vollständig außer Gebrauch gekommenen) Karronaden unten eine Öse angegossen hatten, durch die ein Bolzen, der Trägerbolzen, gesteckt wurde, der das Rohr mit der Lafette verband. Diese letztere bestand aus zwei getrennten Stücken, der oberen eigentlichen Lafette und dem unteren Schlitten. Der Schlitten war mit einem Drehungspunkt an Bord befestigt, und er ließ sich mit dem hinteren Ende nur seitlich bewegen, um dem Geschütz Seitenrichtung zu geben. Wenn die Kanone abgefeuert wurde, lief das Rohr mit der Lafette auf dem Schlitten zurück und wurde rechtzeitig durch das Fig. 5 und 1 sichtbare Brooktau gehemmt. Fig. 5 zeigt das Geschütz straff in das Brooktau eingerannt, Fig. 1 wie es ausgeholt ist, wodurch das Brooktau lose wird.

Zur Zeit der Segelflotten war ein Hauptaugenmerk der Kämpfenden auf das Zerstören der Takelage gerichtet, um damit den Gegner seiner Manövrierfähigkeit zu berauben. Zu diesem Zweck schoß man mit Ketten- und Knüppelkugeln (Fig. 13 und 15, Taf. 18), die eine größere Fläche als einfache Rundkugeln bestrichen.

Als Ladezeug diente Wischer und Ansetzer (Fig. 5). Wollte man bei großer Nähe des Gegners die Bedienung vor dem feindlichen Gewehrfeuer schützen, so schloß man während des Ladens die Kanononpforten und gebrauchte dann das biegsame Tauladezeug (Fig. 18), weil das hölzerne Ladezeug eine geöffnete Pforte bedingte.

Die Lafette der alten langen Geschütze war vierrädrig (Fig. 1). War das Geschütz durch das Abfeuern eingerannt, so wurde es geladen und dann mittels der Ausholetaljen (Flaschenzüge), Fig. 1, an Bord gebracht. Die Seitenrichtung bewirkte man durch ähnliche Flaschenzüge, die Richttaljen, die kleineren Bewegungen durch Handspeichen. Die Höhenrichtung gab man den Karronaden mit Hilfe von Richtschrauben (Fig. 5), den langen Geschützen durch Richtkeile, die man zwischen hintere Lafettenriegel und Rohr schob, nachdem letzteres durch die Bedienung (Fig. 6) mit Handspeichen gehoben oder gesenkt war.

Zum Abfeuern bediente man sich bis zum Anfang dieses Jahrhunderts der Lunte, dann kam der Hammer (Fig. 20) in Aufnahme. Der das Geschütz abfeuernde Kommandeur (Matrose oder Unteroffizier) hält, hinter der Kanone stehend und über dieselbe visierend, die Abzugsleine (b, Fig. 20) in der Hand. Der Hammer a ist zurückgeschlagen und wird in dem Augenblick, wo der Kommandeur bei den schwankenden Bewegungen des Schiffes Ziel hat, durch einen starken Ruck der Leine auf die im Zündloch steckende Schlagröhre niedergeschmettert. In neuerer Zeit sind vielfach Friktionsschlagröhren statt des Hammers in Aufnahme gekommen. Das Geschützzubehör wird dadurch vereinfacht und die Zündung ist eine augenblicklichere, worauf viel ankommt. Fig. 6 zeigt ein Geschütz mit seiner Bedienung, während der Kommandeur gerade richtet.

In den zwanziger Jahren erfand der französische Oberst Paixhans die nach ihm benannten Bombenkanonen, mit denen man Granaten (Taf. 18, Fig. 8) in flachen Bogen schießen konnte, während man sie früher nur aus Mörsern unter sehr hohem Bogen warf. Man führte die Bombenkanonen allmählich an Bord der Schiffe ein, doch erst die Schlacht bei Sinope und der Krimkrieg zeigte ihre furchtbare Wirkung, wenn die Granaten im Innern des Schiffs sprangen. Um sich dagegen zu sichern, wurden die Schiffe gepanzert (1854), und seitdem datiert der Kampf zwischen Panzer und Kanonen, der bis jetzt noch keinen Abschluß gefunden hat.

Ein vierzölliger Eisenpanzer machte alle bis dahin gebräuchlichen Bombenkanonen (68-Pfünder) unschädlich, ihre Granaten zerschellten an ihm wirkungslos. Es wurde deshalb das gezogene Geschütz mit Spitzgeschossen zur Durchbohrung des Panzers eingeführt und in immer schwereren Kalibern konstruiert, je nachdem man auf der anderen Seite die Stärke des Panzers vermehrte. Augenblicklich (1870) ist man bereits bei Geschützen angelangt, deren Rohr 500 Zentner wiegt und die ein 600pfündiges Geschoß mit 90 Pfund Pulverladung feuern, während ihnen Schiffspanzer von 12-15 Zoll Dicke gegenüberstehen.

Von diesen großen Geschützen gibt es verschiedene Systeme. Die Engländer schmieden sie aus aufgewickelten Eisenstangen, aus denen sie Zylinder fertigen, die sie übereinander streifen. Die Amerikaner bedienten sich bis vor kurzem nur glattläufiger Monstrekanonen aus Gußeisen, beginnen aber auch jetzt dieselben zu schmieden. Die Franzosen verstärkten die gußeiserne Röhre durch umgelegte Stahlringe, fertigen die neuen Geschütze aber auch aus Stahl. Für Rußland, Österreich und Deutschland liefert Krupp in Essen die Geschütze und sie sind nur aus Gußstahl gemacht.

Taf. 18, Fig. 2 zeigt einen Krupp'schen gezogenen 72-Pfünder (d.h. die für ihn passende runde Kugel würde 72 Pfund wiegen, während das Spitzgeschoß [Fig. 11] 200 Pfund wiegt), wie er bis zum Jahre 1867 gebräuchlich war. Die Pulverladung betrug 22 Pfund. Die stets wachsenden Panzer machten jedoch eine größere Perkussionskraft des Geschosses und deshalb eine größere Pulverladung nötig (für den 72-Pfünder 39 Pfund), welche das ursprüngliche Rohr nicht ertragen konnte. Krupp verstärkte es deshalb durch umgelegte Stahlringe, wie Fig. 3 zeigt, und erreichte dadurch vollständig den angestrebten Zweck. Seine 72-Pfünder durchbohren 8zöllige und die 96-Pfünder (Geschoßgewicht 280 Pfund) 10zöllige Panzerplatten bis zu 1000 Schritt.

Die Geschosse (Fig. 11 und 12), deren gekerbter Umfang mit einem Bleimantel zur Führung in den Zügen des Rohrs umgossen ist, werden aus glashartem Eisen gemacht, dessen Erfinder Gruson in Magdeburg ist.

Das Rohr des 72-Pfünders wiegt 180, das des 96-Pfünders 240 Zentner. Für solche Massen und ihren Rücklauf reichte Holz als Material für die Lafetten nicht aus und man baute letztere deshalb aus Eisen. Ebenso wenig wären dieselben jedoch beim Richten seitwärts zu bewegen, wenn sie die alte Lafettenform (Fig. 1) mit Rädern erhalten hätten. Man setzt deshalb die Lafetten aller schweren Geschütze auf rechteckige Rahmen, deren kleine exzentrische Metallräder auf Metallkreisschienen laufen und mittels eines Hebels zur Tracht gebracht werden können, wenn man das Geschütz seitwärts bewegen will (Fig. 2 und 3). Brooke zur Hemmung des Rücklaufs haben diese schweren Geschütze ebenfalls, aber ihre Haupthemmung gegen den furchtbaren Rücklauf beim Abfeuern besteht in dem von Ericsson erfundenen Kompreßsystem. Zwischen den Längswänden des Rahmens sind sechs bis acht 1 Zoll starke und etwa 6 Zoll hohe Eisenschienen parallel nebeneinander in Hochkante befestigt. Ein eben solches Schienensystem an der Lafette greift in die Zwischenräume der Rahmenschienen und beide werden vor dem Abfeuern durch den Hebel d, Fig. 2 und 3, zusammengepreßt. Dadurch bilden die 12 Schienen ebenso viele Reibungsflächen, und durch scharfes Zusammenpressen ist man im Stande, den Rücklauf des 96-Pfünders, der sonst alles zerschmettern würde, auf 3-4 Fuß zu beschränken und die Lafette auf dem Rahmen festzuhalten.

Alle deutschen Marinegeschütze sind Hinterlader wie bei unserer Landarmee; die Engländer haben jedoch nur Vorderlader.

Eine natürliche Folge des Wachsens der Kaliber ist die Verringerung der Geschützzahl an Bord der Schiffe, da diese nur ein bestimmtes Gewicht tragen können und außerdem schon durch den Panzer so sehr beschwert werden. So z.B. ist die Größe des deutschen Panzerschiffs König Wilhelm viel bedeutender als die eines früheren Linienschiffs von 120 Kanonen, aber es führt nur 23 Geschütze, davon freilich 19 gezogene 96-Pfünder in der Batterie und 4 gezogene 72-Pfünder auf dem Oberdeck. Das englische Turmschiff Monarch, welches fast ebenso groß und stark wie der König Wilhelm ist, hat sogar nur 8 Geschütze, 2 in jedem Turm und 4 auf dem Oberdeck. Die Röhre der Turmgeschütze wiegen aber jedes 500 Zentner und werfen ein Geschoß von nahe 600 Pfd. Gewicht. Die Decksgeschütze sind dagegen nur 100-Pfünder.

Wie eine achtzöllige Panzerscheibe, welche die Bordwand der modernen stärksten Panzerschiffe repräsentiert, durch die deutschen gezogenen 72-Pfünder auf 650 Schritt Entfernung nach 13 Schuß zugerichtet ist, zeigt Taf. 18, Fig. 4, die nach einer Fotografie vom Schießplatz Tegel bei Berlin aufgenommen ist.

Die Munition, Pulver und Geschosse, befindet sich in den Pulver- und Bombenkammern, die ganz unten im Schiffsraum an den möglichst gesicherten Orten liegen. Das Pulver, bereits in die betreffenden Kartuschen gefüllt, befindet sich in Metallkästen, die mit Holz bekleidet sind (Taf. 18, Fig. 16 und 17). Die Granaten sind in Regalen festgelegt, werden mit Flaschenzügen in die Batterie oder auf das Oberdeck gehißt und entweder auf Eisenbahnen oder Karren zum Geschütz gefahren, wenn sie sehr schwer sind. Die kleineren trägt man in Tragen (Fig. 14). Pulver- und Bombenkammern haben einen Seehahn, so daß man sie bei Feuersgefahr unter Wasser setzen kann. Sie selbst sind wasserdicht, damit eventuell das Wasser auf sie beschränkt bleibt und nicht in die anderen Schiffsräume dringt. Im Allgemeinen nimmt man 100-120 scharfe Schuß pro Geschütz als Munition mit. Auf Schiffen, die wie die Turmschiffe nur 4-8 schwere Geschütze führen, steigt diese Zahl bis auf 150 Schuß.

An Bedienungsmannschaften gehören für den 72-Pfünder 15, für den 96-Pfünder 17 Mann, und diese können, gut exerziert, jede Minute einen scharfen Schuß abgeben.

Auf jedem größeren Kriegsschiff führen auch noch Barkasse und Pinasse Geschütze von verschiedenem Kaliber, gewöhnlich 9-12-Pfünder. Dieselben lassen sich bei Ausschiffungen auch als Landgeschütze verwenden und werden dann auf Landlafetten gesetzt, wie sie Taf. 18, Fig. 7 zeigt, welche statt der Pferde von Matrosen gezogen werden und deshalb möglichst leicht konstruiert sind. Auf der deutschen Marine sind gezogene 4-Pfünder (Geschoßgewicht: 10 Pfd.) als Bootsgeschütze eingeführt.

Außer den Kanonen befinden sich noch verschiedene Handwaffen an Bord, teils um bei Landexpeditionen, teils beim Entern verwandt zu werden. Sie bestehen aus Büchsen, Säbeln, Revolvern, Enterpiken und Enterbeilen. Letztere beiden verschwinden jedoch allmählich, da das Entern bei der Geschwindigkeit der jetzigen Dampfschiffe fast unmöglich geworden ist.

Eine Waffe, welche für Panzerschiffe furchtbarer ist als irgendwelche Monstrekanonen, und durch welche zehn von ihnen im letzten amerikanischen Krieg total vernichtet wurden, sind die Torpedos oder Unterwasser-Minen. In jenem Krieg wurden dieselben hauptsächlich defensiv, und nur in einzelnen Fällen offensiv angewandt, aber es scheint, als ob sie in letzterer Beziehung in den zukünftigen Seekriegen eine große Rolle spielen sollten, da man auf verschiedene Weise ihnen eine geschoßartige Bewegung zu geben versucht hat.

Taf. 22, Fig. 3, a und b stellen die im amerikanischen Krieg zur Verwendung gekommenen Faßtorpedos dar. Sie waren mit Pulver gefüllt und schwimmend unter Wasser verankert. Die hervorstehenden Kontaktpunkte explodierten die Ladung, sobald ein Schiff gegen einen derselben stieß. Fig. 23 zeigt ein Torpedoboot. Ein kleiner schneller Dampfer, der so tief ging, daß er nur wenige Zoll über Wasser ragte, um bei Nacht nicht gesehen zu werden, trug an einer 20-30 Fuß langen Stange einen Torpedo, mit dem er gegen die feindlichen Schiffe rannte und sie in die Luft sprengte. Fig. 4 zeigt einen zylindrischen Torpedo mit beweglichen Klappen, letztere, damit sich die Strömung dahinter setzt und ihn, wie der Wind den Drachen in die Höhe treibt, in perpendikulärer Richtung über seinen Ankern hält. Taf. 33, Fig. 1 zeigt verankerte Faßtorpedos, Fig. 2 Torpedobarrikaden, wie sie von den Südstaaten zur Sperrung ihrer Häfen gegen die nordstaatlichen Flotten vielfach angewandt wurden.

Fig. 5, a und b sind österreichische selbsttätige elektrische Torpedos. Wenn ein Schiff gegen einen der beweglichen Stempel im oberen Boden dieses Torpedo stößt, so setzt er im Innern desselben den Fig. 6 in drei Positionen gezeichneten Zündapparat in Bewegung. Durch diese wird ein elektrischer Strom, den man mittels elektrischer Kabeln durch den Torpedo leitet, unterbrochen. Durch die Unterbrechung bildet sich ein Funke und dieser entzündet die Ladung. Der Torpedo wird unschädlich, sobald der elektrische Strom nicht vorhanden ist. Wenn man also auf den Beobachtungsstationen am Land, auf denen die Torpedokabel münden, die Kette nicht schließt, so können die eigenen Schiffe ungefährdet gegen die Torpedos laufen, während ein Druck mit der Hand sie für jeden Feind furchtbar macht. Die amerikanischen Torpedos waren nicht elektrisch, sondern nur selbsttätig, und deshalb für Freund und Feind gleich gefährlich. Fig. 7 zeigt, wie man von den Landstationen die verschiedenen Torpedos vom Land aus explodiert, sobald man das feindliche Schiff darüber, d.h. unter dem Schnittpunkt der Winkel visiert, unter denen der Torpedo ausgelegt wurde.

Im Jahre 1869 hat man in Österreich auch Versuche mit Torpedos gemacht, die man vom Land oder von Schiffen aus gegen feindliche Schiffe losläßt und die dann, die ihnen gegebene Richtung innehaltend, mit großer Geschwindigkeit 1000 Schritt weit unter Wasser fortschießen sollen, indem komprimierte Luft ihren Motor bildet. Sie sollen gute Resultate ergeben haben und würden in diesem Fall allerdings furchtbare Gegner der Panzerschiffe werden.

10. Sonstige Ausrüstungsgegenstände

Zu den wichtigeren derselben gehören vor allem die Pumpen, die man namentlich auf den modernen großen Schiffen jetzt sehr vollkommen und mächtig konstruiert.

Die Handelsschiffe haben meistens gewöhnliche hölzerne Pumpen, die in der Mitte des Schiffs stehen, bis in den untersten Schiffsraum hinabreichen und mit Schwengeln durch Menschenkraft getrieben werden. Auf Dampfschiffen schafft die Maschine das eindringende Wasser fort, und diese Anstalten genügen für gewöhnliche kleinere Lecke, wie sie sich oft finden. An Bord von Kriegsschiffen ist jedoch nicht allein auf diese kleineren, sondern auch auf solche größere Rücksicht zu nehmen, die durch Geschosse und oft in großer Anzahl hervorgebracht werden. Auf den Holzschiffen ließen sich die Kugellöcher durch Holzpfropfen ziemlich wieder schließen, und man kam mit

Kettenpumpen, wie sie Taf. 22, Fig. 11 zeigt, und einigen ebenfalls kräftig wirkenden Dawton-Pumpen (Fig. 9), die zugleich als Feuerspritzen benutzt werden konnten, sowie mit den Maschinenpumpen aus.

In der Eisenhaut der Panzerschiffe machen jedoch die Geschosse so unregelmäßige und ein Spornstoß so große Löcher, daß sie sich nicht verstopfen lassen, und obwohl man durch wasserdichte Abteilungen im Schiff das eindringende Wasser auf kleine Räume zu beschränken sucht, sind dennoch kräftigere Pumpen notwendig geworden. Auf den neuen Panzerschiffen wird deshalb ein gewaltiges Pumpwerk eingerichtet, zu dessen Betrieb eine eigene Maschine von 30-40 PS dient und die infolge dessen kolossale Wassermassen fortschaffen kann.

Außerdem befinden sich an Bord noch transportable Pumpen und Feuerspritzen (Fig. 8 und 10), um im Augenblick die nötigen Hilfsmittel zur Hand zu haben, weil das Anstellen der großen Pumpen stets einige Zeit und eine Menge Menschen erfordert.

Ein anderes Ausrüstungsstück, was erst die Neuzeit für die Schiffe notwendig gemacht hat, ist der Taucherapparat. Es kommt leicht vor, daß ein über Bord hängendes oder fallendes Tau sich in die Schraube verwickelt und diese zum Stillstand bringt. Auf See ist dies sehr gefährlich und läßt sich nur mit Hilfe eines Taucherapparates beseitigen, weshalb alle größeren Kriegsschiffe einen solchen mit sich nehmen.

In früheren Zeiten bediente man sich zum Tauchen der bekannten Glocke (Fig. 20). Dieselbe war jedoch nicht nur sehr unzweckmäßig, da man mit ihrer Hilfe nur Sachen behandeln konnte, die sich gerade unter ihr befanden, sondern auch sehr gefährlich, weil die in ihr eingeschlossene Luft, welche den Tauchern zum Atmen diente, leicht verdarb und dann die Leute erstickten, wenn die Glocke nicht schleunigst heraufgeholt wurde.

Im zweiten Viertel dieses Jahrhunderts erfand man deshalb, um diesen Übelständen zu begegnen, den englischen Tauchapparat (Fig. 17). Dies war ein wasserdichter Anzug mit einem Metallhelm, welcher Glasaugen besaß, durch die der Taucher sehen konnte. Durch einen mit einer Luftpumpe (Fig. 12) gespeisten Schlauch wurde Luft in den Helm, resp. Anzug gepumpt, welche der Taucher atmete, während die verdorbene Luft durch ein Ventil abfloß. Schuhe mit schweren Bleisohlen (Fig. 15) und eine Zahl anderer auf Schulter und Brust angehängter Bleigewichte bewerkstelligten das Sinken des Apparates trotz der eingepumpten Luft. Dies war gegen die Glocke ein großer Fortschritt, weil sich der Taucher frei bewegen konnte und nicht so leicht dem Ersticken ausgesetzt war, indessen existierte noch der Fehler des ungeregelten Luftzutritts. Der Taucher hatte bald zu viel, bald zu wenig Luft und seine Lungen wurden deshalb stark angegriffen.

Der seit 1864 erfundene französische Apparat von Denayrouse (Fig. 13-15) hilft diesem Mangel gründlich ab und ist ziemlich vollkommen. Anzug und Helm sind ähnlich wie beim englischen, aber die Luft wird nicht direkt in den

Helm, sondern zunächst in einen Stahlzylinder gepumpt (Fig. 14), den der Taucher wie einen Tornister auf dem Rücken trägt

Aus diesem Zylinder führt ein Schlauch mit Mundstück zum Mund des Tauchers, der aus ihm gerade so viel Luft schluckt, wie er braucht, die dann durch ein Ventil im Helm entweicht. Will der Taucher an die Oberfläche, so schließt er das Ventil, läßt die ausgeatmete Luft in den Anzug fließen und wird sofort durch sie in die Höhe gehoben.

Durch einen anderen Schlauch steht der Zylinder mit einem Manometer an der Wasseroberfläche in Verbindung, an dessen Zeiger man stets weiß, welchen Grad der Kompression die Luft im Zylinder hat. Dadurch ist man im Stande, letztere so stark zu komprimieren, wie es der Tiefe entspricht, in der der Taucher arbeitet, und dieser erhält deshalb stets Luft von solchem Druck, als nötig ist, um dem mit der Tiefe zunehmenden Wasserdruck das Gegengewicht zu halten, ohne daß die Lungen leiden.

Der Denayrouse-Apparat hat deswegen sehr schnell Eingang gefunden und wird jetzt vielfach zu Unterwasserarbeiten verwandt, da die Taucher in ihm stundenlang unter Wasser sein können.

Die Bemannung

(Tafel 24.)

Die Bemannung eines Schiffs ist stets so knapp bemessen, wie es irgend seine Zwecke erlauben, sowohl in der Handels- als in der Kriegsmarine. Die beschränkten Räumlichkeiten und der Kostenpunkt machen dies notwendig.

Kauffahrtei-Segelschiffe haben außer den zur nautischen Führung erforderlichen Persönlichkeiten nur so viel Mann an Bord, wie durchaus zur Regierung der Segel erforderlich sind; auf Dampfschiffen tritt noch das Maschinenpersonal dazu, und auf Kriegsschiffen ist die Zahl der Geschütze maßgebend, welche im Gefecht bedient werden müssen.

Ein mittelgroßes Segelschiff der Handelsmarine von 6-800 Tonnen hat eine Besatzung von 18-20 Köpfen. Sie teilt sich in folgende Abstufungen: 1 Kapitän, 1 Ober- und 1 Untersteuermann, 1 Bootsmann (nicht immer), 1 Zimmermann, 1 Segelmacher, 1 Koch, 6-8 vollbefahrene Matrosen, 2-3 Leichtmatrosen, 1-2 Schiffsjungen.

Kapitän und Steuerleute müssen auf staatlichen Steuermannsschulen wissenschaftliche Prüfungen bestanden haben, ersterer die Steuermanns- und Schifferprüfung, letztere die Steuermannsprüfung.

Ehe jemand die letztere Prüfung bestehen, resp. die Steuermannsschule besuchen darf, muß er durch vierjährige Seefahrtzeit seine praktische Tüchtigkeit dargetan haben. Der Besuch der Schifferschule bedingt 18monatige Fahrzeit als Steuermann. Der Kursus in beiden Schulen dauert gewöhnlich 12, resp. 6 Monate.

Die Anforderungen sind Verständnis nautischer Beobachtungen und Berechnung derselben zur Bestimmung des jeweiligen Schiffsortes. Diese Berechnungen gründen sich auf die ebene und sphärische Trigonometrie und die Mathematik bildet deshalb die Grundlage der seemännischen wissenschaftlichen Fachbildung für die Handelsmarine. Außerdem werden physikalische und astronomische Geographie, Meteorologie, Hydrographie, Englisch und Französisch verlangt. Die Schifferschule prägt im wesentlichen durch scharfe Repetition das Obenstehende besser ein und fügt dazu Vorträge über Seerecht, Seestraßenrecht und kaufmännische Kenntnisse, soweit diese für den Führer eines Handelsschiffes erforderlich sind.

Zur Bedienung des Schiffes befindet sich stets die halbe Besatzung auf Wache und oben auf dem Deck. Eine solche Wache dauert vier Stunden und geht, solange die Reise währt, Tag und Nacht durch. Der Obersteuermann befehligt als Stellvertreter des Kapitäns die eine, der Untersteuermann die andere Wache. Wo nur ein Steuermann ist, wechselt dieser mit dem Kapitän in der Wache. Der Dienst ist deshalb sehr anstrengend und erfordert kräftige Naturen.

Vollbefahrene Matrosen sind solche, die vier bis fünf Jahre, Leichtmatrosen (Halb- oder Jungmänner) solche, die zwei bis vier Jahre zur See gefahren haben, Schiffsjungen die seemännischen Lehrlinge.

Die Besatzung der Kriegsschiffe hat folgende Abstufungen:

Admiral (Rang eines Generals der Infanterie), Vizeadmiral (Generalleutnant), Konteradmiral (Generalmajor), Kapitän zur See (Premierleutnant), Unterleutnant zur See (Secondeleutmant). Außerdem gehören zum Stab noch die Seekadetten (Fähnrichsrang) und die Kadetten (Matrosenrang).

Der Rang des Kommandanten eines Kriegsschiffs richtet sich nach dessen Größe und kriegerischer Wichtigkeit. Ein Kanonenboot wird für gewöhnlich von einem Leutnant zur See, ein Aviso oder eine kleine Korvette von einem Kapitänleutnant, eine größere Korvette oder ein kleines Panzerschiff von einem Korvettenkapitän, ein größeres Panzerschiff von einem Kapitän zur See kommandiert; jedoch macht man öfter auch Ausnahmen von dieser Regel. Admirale, welche zusammen Flaggoffiziere genannt werden, kommandieren keine einzelnen Schiffe, sondern stets mehrere. Besteht z.B. eine Flotte aus 12 größeren Schiffen, so wird sie von einem Admiral kommandiert, und zwar führt derselbe auch gleichzeitig speziell den Befehl über den Teil der Flotte, welcher deren Zentrum bildet. Ein Vizeadmiral befehligt die Vorhut, ein Konteradmiral die Nachhut.

Die Laufbahn des deutsche Seeoffiziers bedingt die wissenschaftliche Vorbildung einer Gymnasial-Obersekunda bei noch nicht vollendetem 17. Lebensjahr. Der Betreffende tritt als Kadett ein, verbleibt ein Jahr auf dem

Kadettschulschiff und wird nach einem hauptsächlich praktischen Examen Seekadett. Als solcher fährt er, um sich noch mehr in der Praxis zu vervollkommnen, zwei Jahre auf Kriegsschiffen zur See und besucht darauf ein Jahr lang die Marineschule in Kiel, um danach sein Offiziersexamen zu machen und Unterleutnant zur See zu werden. Die wissenschaftlichen Anforderungen sind sehr hoch gespannt. Sie erstrecken sich auf Mathematik, Navigation, Artillerie, Schiffs- und Maschinenbaukunde, Fortifikation, Englisch, Französisch, Spanisch, Physik, Chemie und Zeichnen. Das spätere Avancement hängt von gewissen Bedingungen, namentlich von bestimmter Seefahrzeit ab. So z.B. kann man nicht Leutnant zur See werden, ehe nicht eine fünfjährige Seefahrzeit nachgewiesen ist; ein Korvettenkapitän muß als solcher zwei Jahr zur See gefahren haben, ehe er Kapitän zur See werden kann usw.

Der Stellvertreter des Kommandanten an Bord und das ausführende Organ von dessen Befehlen, resp. des ganzen Dienstes ist der erste Offizier. Dann folgt der Observationsoffizier. Er ist unter Aufsicht des Kommandanten speziell mit der nautischen Führung des Schiffs betraut. Dann folgen die wachehabenden Offiziere (gewöhnlich drei), die sich von vier zu vier Stunden ablösen, und die jüngeren Offiziere und Kadetten sind ihnen zugeteilt.

Zum Stab eines Schiffes gehören außerdem noch die Ärzte, Zahlmeister, Offiziere der eingeschifften Seesoldaten, Prediger und Maschineningenieure.

Die übrige Besatzung des Schiffs wird durch die Deckoffiziere, Unteroffiziere, das Matrosenkorps, Heizerpersonal, Handwerker und Seesoldaten gebildet.

Zu den Deckoffizieren mit Feldwebelrang gehören Steuermann, Bootsmann, Feuerwerker, Maschinisten und Zimmermann.

Der Steuermann muß theoretisch und praktisch dieselben Kenntnisse haben wie ein Steuermann der Handelsmarine. Er ist als Hilfe dem Observationsoffizier beigegeben. Der Bootsmann hat alles unter sich, was auf Takelage Bezug hat, und überwacht außerdem die seemännischen Arbeiten der Besatzung. Der Feuerwerker ist technischer Vorstand der Schiffsbewaffnung; die Maschinisten leiten wachweise die Maschine. Der Zimmermann erklärt sich selbst.

Die Unteroffiziere teilen sich ebenso in die verschiedenen Branchen des Schiffsdienstes als Steuermanns-, Bootsmanns-, Feuerwerkers- usw. Maate.

Das Matrosenkorps zerfällt in vier verschieden gelöhnte Klassen. Matrosen 1. Klasse haben Gefreitenrang und müssen mindestens sechs Jahre zur See gefahren haben; Matrosen 2. Klasse vier Jahre; Matrosen 3. Klasse zwei Jahre; 4. Klasse sind unbefahrene Leute, Fischer, Kahnfischer usw.

Zu den Matrosen treten noch die Schiffsjungen. Sie werden mit 14-16 Jahren angenommen, bleiben auf eigenen Schulschiffen zwei Jahre, auf anderen Schiffen ein drittes Jahr, und werden dann Matrosen 3. Klasse. Sie werden vom

Staat vollständig erzogen, müssen dafür 12 Jahre in der Marine dienen und sind die Pflanzschule der Unter- und Deckoffiziere. Offiziere können sie nicht werden.

Das Heizerpersonal besteht ebenfalls aus vier nach ihren Leistungen verschieden gelöhnten Heizerklassen. Zu den Handwerkern gehören Zimmerleute, Schmiede, Schlosser, Segelmacher, Büchsenmacher, Maler, Böttcher, Schuhmacher, Schneider. Außerdem gibt es an Bord noch Lazarettgehilfen, Schreiber, Kellner, Köche, und endlich die mit der Schiffspolizei beauftragten Stabswachtmeister und Stabssergeanten.

Die Besatzungsstärke einer der modernen Panzerfregatten beläuft sich auf 500 Mann, während ein früheres Linienschiff von 120 Kanonen, dem eine Panzerfregatte bei weitem überlegen ist, 1200 Mann nötig hatte. In volkswirtschaftlicher Beziehung ist deshalb die Erfindung der Panzerschiffe von außerordentlichem Nutzen.

Jene 500 Mann verteilen sich folgendermaßen:

1 Kapitän zur See, Kommandant; 1 Korvettenkapitän als erster Offizier; 3 Kapitänleutnants; 3 Leutnants zur See; 6 Unterleutnants; 12 Seekadetten; 3 Ärzte; 1 Zahlmeister; 1 Seesoldatenoffizier; 1 Maschinenoffizier; 11 Deckoffiziere (darunter 7 Maschinisten); 38 Unteroffiziere; 40 Matrosen 1. Klasse, 60 Matrosen 2. Klasse, 120 Matrosen 3. und 4. Klasse; 20 Schiffsjungen, 55 Heizer der verschiedenen Klassen, 19 Handwerker, 2 Lazarettgehilfen, 5 Schreiber, 6 Mann Stabswache, 5 Köche, 4 Kellner, 2 Botteliere (Proviantverwalter), 6 Unteroffiziere und 72 Gemeine von den Seesoldaten.

Die Uniform der Seeleute (Taf. 24) ist sich bei allen seefahrenden Nationen sehr ähnlich und das Ergebnis praktischer Erfahrung. Der häufige Klima- und Temperaturwechsel bedingt warme Kleidung, die Notwendigkeit, den Körper und die Gliedmaßen nach allen Richtungen hin frei zu bewegen, einen bequemen Schnitt. Die steife, zugeknöpfte Uniform des Landsoldaten findet sich deshalb bei den Seeleuten nicht.

Der gewöhnliche Dienstanzug der Offiziere (Fig. 5) besteht aus Rock, Beinkleid und Weste von blauem Tuch, aber mit Zivilschnitt. Die verschiedenen Abzeichen sind auf Schulter und an den Aufschlägen des Rocks angebracht. Die Kopfbedeckung ist für alle Chargen gleich, sie besteht aus einer Schirmmütze mit breitem Goldrand und Kokarde.

Die Abzeichen für die Admirale sind an den Aufschlägen eine etwa 2 Zoll breite Goldtresse, auf den Achseln eine silberne Raupe, die, mit zwei, einem oder keinem Stern versehen, den Admiral, Vizeadmiral oder Konteradmiral bezeichnet.

Die Kapitäne zur See haben breite silberne Dragons mit zwei Sternen auf den Achseln und drei halbzöllige Goldtressen auf den Ärmelaufschlägen, die Korvettenkapitäne dieselben Dragons, aber ohne Sterne, und nur zwei Tressen.

Kapitänleutnants, Leutnants und Unterleutnants führen schmale Dragons, erstere mit zwei, die Leutnants mit einem, die Unterleutnants ohne Stern, außerdem die beiden ersten Klassen eine halbzöllige Ärmeltresse, die Unterleutnants dagegen keine solche. Rock und Weste sind mit vergoldeten Ankerknöpfen besetzt.

Außerdem haben die Offiziere noch eine große und eine Galauniform. Die große Uniform bedingt Frack mit den erwähnten Ärmelabzeichen, aber mit Epauletten und einem dreieckigen Hut. Admirale führen in den mit dicken goldenen Troddeln besetzten Epauletten einen silbernen Anker und darüber einen Adler, außerdem wieder je nach dem Rang zwei, einen oder keinen Stern. Der schwarze Filzhut ist mit einer breiten Goldborte besetzt.

Kapitäne zur See und Korvettenkapitäne fehlt der Adler, sie haben nur Anker und zwei, resp. keinen Stern. Der Hut ist ohne Goldborte wie auch bei allen niedrigeren Chargen.

Kapitänleutnants und Leutnants haben dünne Goldtroddeln an den Epauletten mit silbernem Anker und zwei, resp. keinen Stern. Unterleutnants tragen statt der Epauletten goldene Achselschnüre (Fig. 9), der Säbel ist Schleppsäbel mit silbernem Porteépée und bei allen Chargen gleich.

Bei der Galauniform tritt an Stelle des gewöhnlichen Fracks ein solcher mit aufrecht stehendem Kragen, weißen, mit schmalen Goldtressen besetzten Rabatten, und die Beinkleider haben an den Seiten breite Goldtressen. Statt der Epauletten tragen die Admirale Raupen und die Frackkragen Goldstickerei, bei den übrigen Offizieren ist der Kragen mit glatter, breiter Goldtresse besetzt (Fig. 1).

Die Kadetten (Fig. 12) tragen eine blaue Jacke mit Goldknöpfen und vorn am Kragen eine schwarzweiße Tresse, ihre Mütze hat nur einen 1 Zoll breiten Goldstreifen. Hut und Rock besitzen sie nicht, dagegen für große Uniform den Frack mit denselben Abzeichen wie die Jacke. Als Waffe führen sie einen Dolch, die Seekadetten mit, die Kadetten ohne Porteépée; nur diejenigen Seekadetten, welche bereits das Offiziersexamen bestanden, dürfen Offizierssäbel führen.

Die Deckoffiziere tragen die Kadettenmütze, den Offiziersrock, aber ohne Achsel- und Ärmeltressen, und den Offizierssäbel (Fig. 11). Ihre Branche erkennt man an Abzeichen auf den Kragen. Der Bootsmann führt als dieses einen, der Steuermann zwei kreuzweise liegende Anker, der Feuerwerker zwei Kanonen, der Zimmermann zwei Beile, die Maschinisten ein Zahnrad. Ärzte haben die Uniform ihres betreffenden Offizierskorps, doch sind ihre Dragons von Gold, es fehlen die Ärmeltressen, statt des breiten Goldrandes haben sie zwei schmale und in den Epauletten statt des goldenen ein Feld von blauem Tuch, die Zahlmeister sind analog uniformiert, doch tragen sie Silber, wo die Ärzte Gold haben. Der gewöhnliche Dienstanzug der Unteroffiziere und Matrosen ist ein blauwollenes Hemd mit weit überfallendem Kragen, das die Brust frei läßt, und mit weiten Ärmeln (Fig. 6, 7 u. 14). Die Beinkleider sind von blauem Tuch oder Segeltuch, je nach der Jahreszeit. Die Kopfbedeckung ist eine blaue Tuchmütze ohne Schirm, mit schwarzem Seidenband, auf dem in Goldbuchstaben der Name des Schiffes gedruckt ist. Die Fußbekleidung sind Schuhe und Strümpfe; wenn irgend die Witterung es erlaubt, wird jedoch barfuß gegangen. Bei Verrichtung schmutziger Arbeiten wird über dem Hemd eine Segeltuchbluse getragen und in kaltem Klima wollenes Unterzeug sowie ein blauwollener Schal um den Hals.

Der Paradeanzug besteht aus blauer Tuchjacke mit zwei Reihen blanker Ankerknöpfe, einem weißen Hemd mit breitem, blaugestreiftem Überfallkragen, das vorn lose mit einem schwarzseidenen Halstuch zusammengehalten wird, und je nach der Jahreszeit aus blauen oder weißen Beinkleidern. Die Mütze wird dann durch einen niedrigen lackierten Filzhut mit breitem Rand ersetzt. Die Paradejacke wird jedoch nie an Bord, sondern nur an Land betragen. Statt des Mantels dient bei Kälte und schlechtem Wetter eine bequeme, bis auf den halben Oberschenkel reichende Jacke von dickem Düffel.

Die Unteroffiziere tragen dieselbe Uniform wie die Matrosen und sind an Abzeichen auf dem linken Oberarm kenntlich, welche mit denen der Deckoffiziere korrespondieren. Die Bootsmannsmaate führen außerdem noch eine kleine silberne Pfeife, mit denen sie die Kommandosignale geben. Fig. 15 zeigt die Uniform der Seesoldaten. Fig. 16-19 geben die Uniformen der englischen, französischen, österreichischen und holländischen Marinetruppen.

Die Disziplin an Bord ist sehr scharf, der Dienst anstrengend und Tag und Nacht auf die Minute geregelt, so daß er wie ein Uhrwerk geht. Jeder Mann hat bei den verschiedenartigen Manövern seinen bestimmten Platz, täglich wird vier bis fünf Stunden exerziert und dadurch eine Schnelligkeit in den einzelnen Dienstverrichtungen hervorgerufen, die jeden Landbewohner in Erstaunen setzt.

Die militärische Ausbildung der Seeleute ist sehr mannigfach. Sie müssen Artilleristen und Infanteristen und für die Kriegsführung an Bord wie an Land ausgebildet sein. Außerdem werden sie in den mannigfachen Segelmanövern, Ein- und Aussetzten und Armieren der Boote, im Bootsrudern und Segeln usw. geübt.

Ein großer Vorteil für die deutsche Marine ist es, daß ihre Besatzung bis auf einen geringen Bruchteil nur aus Seeleuten, mithin aus intelligenten Menschen besteht, welche sich bereits an Bord heimisch fühlen. Dieser Umstand erklärt es, daß eine Schiffsmannschaft, die zu fünf Sechstel aus frisch eingezogenen Rekruten besteht, trotz der in so reichem Maße an sie gestellten Forderungen schon in sechs Monaten militärisch vollständig ausgebildet ist und deshalb die Dienstzeit in der Marine sich für die befahrenen Matrosen im allgemeinen nicht über ein Jahr erstreckt.

Die Mannschaft wird zunächst in zwei Wachen, Steuerbord- und Backbordwache, eingeteilt und mit ungeraden, resp. geraden Nummern numeriert. Alsdann wird sie in die verschiedenen Rollen eingefügt, die ihnen bei den einzelnen Manövern ihren Platz weisen. Die Gefechtsrolle ist die Grundlage, weil der Zweck des Kriegsschiffs der Kampf ist, und auf ihr sind alle anderen Rollen basiert.

Grundsatz ist, daß ein seefertiges Kriegsschiff stets zum Kampf bereit sein muß. Wenn daher der Generalmarsch, das Zeichen zur Gefechtsbereitschaft, ertönt, so muß, sei es Tag oder Nacht, nach fünf Minuten der erste Schuß fallen können. Um dies zu erreichen, werden die Leute täglich an den Geschützen exerziert und wöchentlich ein- bis zweimal das Schiff fertig zum Gefecht gemacht.

Da das Treffen der Geschütze auf See wegen der steten Bewegungen des Schiffs ungleich schwieriger als an Land und auch, weil man die Munition fern von der Heimat nicht ergänzen kann, weit wichtiger als bei der Armee ist, so erhalten die Geschützkommandeure, d.h. diejenigen Matrosen oder Unteroffiziere, welche richten und abfeuern, noch eine besondere Ausbildung auf dem Artillerieschulschiff. Man wählt für diese Stellung die tüchtigsten und intelligentesten Matrosen der Flotte aus und sie machen an Bord des Artillerieschulschiffs einen sechsmonatigen Kursus durch, dessen Hauptaufgabe es ist, die Leute zu sicheren Schützen heranzubilden. Dies ist um so nötiger, da der richtige Zeitpunkt beim Abfeuern nur einen Augenblick währt, der richtende Geschützkommandeur deshalb selbst abfeuern muß und vom Vorgesetzten nicht kontrolliert werden kann.

Um die notwendige strenge Disziplin aufrecht zu erhalten, sind mit geringen Modifikationen die militärischen Strafen des Landheeres auch bei der Marine eingeführt. Die körperliche Züchtigung existiert in der deutschen Marine nur für Individuen, die sich in der zweiten Klasse des Soldatenstandes befinden, und ist auch in den meisten anderen Marinen abgeschafft. Jeder Kommandant eines Schiffes, selbst wenn es ein Unterleutnant wäre, hat die Strafbefugnis eines Regimentskommandeurs.

Innere Raumverteilung

(Tafel 23.)

Die auf das äußerste Maß beschränkte Größe der Schiffe macht es nötig, die einzelnen Räume desselben auf das sorgfältigste und ökonomischte zu verteilen. Auf gewöhnlichen Handelsschiffen ist diese Verteilung weniger schwierig. Bei der geringen Zahl der Besatzung ist für diese und die Vorräte nur wenig Platz erforderlich. Sehr häufig, namentlich in der Neuzeit, wohnt die gesamte Besatzung in einem sogenannten R o o f, einem etwa 6 Fuß hohen Holzhaus auf dem Oberdeck, innerhalb dessen sich auch die Küche (K o m b ü s e) befindet und an dessen Seiten die K o j e n (Bettstellen) in zwei Reihen übereinander angebracht sind. Oder die Besatzung wohnt in einem ähnlich eingerichteten und im Bug des Schiffes unter dem Oberdeck abgeschlagenen Raum, dem V o l k s l o g i s, während die Küche isoliert auf dem Deck steht. Kapitän und Steuerleute bewohnen die Kajüte, die sich stets hinten im Schiff entweder unter oder über dem Deck, im letzteren Fall Halbdeck oder Campanje genannt befindet. Der ganze übrige Raum des Schiffes, bei dem auf Dampfschiffen noch Maschine und Kohlenbehälter abgehen, ist, mit Ausnahme des für Proviant, Wasser und sonstige Vorräte nötigen Platzes, für die Ladung bestimmt.

Auf Kriegsschiffen machen jedoch dessen Zwecke und die große Zahl der Mannschaft mit ihren verschiedenen Chargen eine Menge verschiedener Räumlichkeiten nötig, von denen Taf. 23, der Längendurchschnitt der deutschen gedeckten Korvette Elisabeth, dem Leser eine deutliche Anschauung gibt.

Das ganze Schiff ist durch drei Decks, das Ober-, Batterie- und Zwischendeck, in vier horizontal übereinanderliegende Hauptabteilungen geschieden, die von oben nach unten Oberdeck, Batterie, Zwischendeck und Raum oder Last heißen.

Mit dem Oberdeck und vorn (Fig. 1) beginnend sehen wir zunächst einige Matrosen unter Aufsicht des an Jacke und Mütze mit Goldstreifen kenntlichen Bootsmannes bei der Arbeit des Deckscheuerns beschäftigt, das Sonnabends mit Steinen und Sand vorgenommen wird. Weiterhin hissen einige Leute an einem Tau etwas in die Höhe, während einer das Tau abstoppt. Dahinter exerziert ein Kadett eine Gruppe Matrosen mit Gewehr.

Sodann erblicken wir in Fig. 2 einen Offizier, der an Bord gekommen durch das Fallreep das Deck betritt, und vor dem der dort stehende Matrosenposten das Gewehr präsentiert, während unmittelbar einer der wachhabenden Bootsmannsmaate die Seite pfeift, was als Honneur vor jedem an Bord kommenden oder von Bord gehenden Offizier geschieht.

Der wachhabende Offizier nebst einem Seesoldatenposten befindet sich auf der Kommandobrücke und läßt soeben verschiedene Matrosen in den Großwanten aufentern. Unter der Brücke befindet sich das doppelte Oberdecksteuerrad mit zwei steuernden Matrosen daran und den Kompaßhäusern vor sich. Die viereckigen, über das Deck hinausragenden Erhöhungen sind die verschiedenen Luken zur Kommunikation mit den unteren Räumen. Ganz hinten auf dem Deck steht ein gezogener Ring-24-Pfünder. Hinter dem Besanmast hängt ein Kutter in seinen Davids. Zwischen Brücke und Großmast steht das Oberdeck-Gangspill, vor dem Großmast die Barkasse in ihren Bootsklampen, dann folgt die Luke für den Maschinenschornstein und unmittelbar hinter dem Fockmast die Kombüsen-Schornsteinluke. Vor dem Bug des Schiffs hängt der Anker am Kranbalken in der Katt (Ankerflaschenzug). Die seitwärts von jedem Mast an der Bordwand angebrachten Planken und Pflöcken, um welche die verschiedenen Taue festgemacht werden, sind die Nagelbänke mit den Belegnägeln.

In der Batterie stehen in gleichen Zwischenräumen (14-16 Fuß) die Geschütze, sämtlich gezogene 24-Pfünder. Hinter dem Fockmast befindet sich die Kombüse mit Backofen. Die aufrecht stehenden Pfähle, welche durch schwere Holzknie nach vorn gestützt hinter der Kombüse sichtbar werden, sind die Betinge. Sie dienen zur Hauptbefestigung der Ankerketten, wenn das Schiff vor Anker liegt. Vor dem Maschinenschornstein exerziert eine Geschützbedienung unter Aufsicht eines Offiziers. Hinter dem Großmast (Fig. 2) wird mit dem Batteriedeck-Gangspill die Ankerkette eingewunden, und ganz im Hinterteil des Schiffes zeigt sich die Kapitänskajüte.

Das Zwischendeck ist hauptsächlich für den Wohnraum der Mannschaft bestimmt. Die verschiedenen Regale, welche man Fig. 1 sieht, sind die Gerüste, in denen die Kleidersäcke der Mannschaft aufbewahrt werden. Vor dem Maschinenschornstein sind die Backen (hängende Eßtische) aufgeschlagen. Ebenso sieht man verschiedene Leute in Hängematten liegen, die unter Deck an Haken aufgehängt, bei Tage aber zusammengeschnürt auf dem Oberdeck in den Hängemattskasten verstaut werden. Die Hängematten sind 6 Fuß lange und 3 Fuß breite Segeltuchstreifen mit Schnüren an den schmalen Enden, die in einen Ring auslaufen.

Das Lazarett befindet sich ganz vorn im Zwischendeck, ist aber wegen der dargestellten Bordwand nicht sichtbar. Die Reihe von Kammern, welche sich vom Großmast nach hinten zu an der Bordwand erstrecken, sind Schlafräume für Deckoffiziere und Offiziere oder auch Eßräume (Messen) für Kadetten und Deckoffiziere, Apotheke, Schreibbüro usw. Die Kadetten schlafen in Hängematten. Unmittelbar vor dem Besanmast befindet sich die Offiziersmesse, dahinter ihr Büfett und Broträume.

Die L a s t dient zur Aufnahme der Maschine nebst den sie umgebenden und gleichzeitig gegen durchschlagende Geschosse schützenden Kohlenbehältern, sowie zur Aufbewahrung der verschiedenen Vorräte. Die vordersten Abteilungen der Last vor dem Fockmast (Fig. 1) bilden die H e l l e g a t s, wo Zimmermann, Bootsmann, Feuerwerker und Steuermann ihre verschiedenen kleineren Vorräte mit großer Ordnung und Übersichtlichkeit verstauen, um sie sofort bei der Hand zu haben. Dann folgt die P u l v e r k a m m e r mit ihrem Vor- und ihrem Erleuchtungsraum. Dahinter kommt ein Raum für Fleischfässer usw., sodann die W a s s e r l a s t mit den eisernen Wasserkästen. Dann folgt der Heizraum der Maschine mit ihren Kesseln und dem Destillierapparat, dann die eigentliche Maschine, welche die (nur zum kleinen Teil sichtbare) Schraubenwelle mit der daran befestigten Schraube treibt. Die Schraubenwelle ist durch einen Tunnel überbaut, um stets Zugang zu ihr zu haben und sie schmieren zu können. Hinter der Maschine liegt die Taulast, wo alle schweren Reservetaue aufbewahrt werden. An sie schließt sich die Bombenkammer, dann die Trockenlast, welche allen trockenen Proviant birgt, dann die Proviantlast für Offiziere und endlich noch ein Raum für Brot.

Am hintersten Ende des Schiffes ist die Position der Schraube im Schraubenbrunnen und die Befestigung des in Haken (Fingerlingen) am Ruderpfosten hängenden Ruders sichtbar.

Marinebauten

(Tafel 16, 20 und 21.)

Zu ihnen gehören vor allem die Häfen mit den zum Neubau, zur Reparatur und zur Sicherung der Schiffe gegen die Elemente erforderlichen Etablissements. Man nennt H a f e n einen von der Natur oder durch Kunst gebildeten Ort, wo Schiffe vor Anker oder sonst befestigt liegen können und gegen Stürme vollständig geschützt sind. Ein Hafen muß deshalb durch Land oder künstliche Mauern (Molen) von der See abgeschlossen und auch nicht zu groß sein, damit in ihm kein Seegang entstehen kann; er muß eine mäßige Tiefe (30-50 Fuß) und einen guten Ankergrund, am besten lehmigen Boden haben.

Einzelne Häfen, wie z.B. der von Kiel, welcher zu den schönsten der Erde gehört, sind vollständig natürlich, bei anderen hat die Menschenhand nachgeholfen, andere, wie z.B. der von Marseille (Taf. 20, Fig. 8), sind ganz von der Kunst geschaffen. Eine Hauptmole, auf einer Unterlage schwerer Felsblöcke oder künstlicher Steine aufgemauert, dient als Wellenbrecher. Sie liegt parallel mit der Küste eine Strecke in das Meer hinaus und ist ganz geschlossen, während jede der Seitenmolen eine Öffnung hat, die gerade groß genug ist, um die in- und ausgehenden Schiffe bequem passieren zu lassen. Durch andere Molen wird dann noch bisweilen ein Vorhafen geschaffen, in dem kleinere oder solche Schiffe ankern, welche nur kurze Zeit verweilen. Taf. 20, Fig. 1 und 2 zeigen die Pläne von zwei anderen künstlichen Häfen, W i l h e l m s h a v e n, der deutsche Kriegshafen im Jadebusen, und B r e m e r h a v e n. Diese sind jedoch nicht durch Wellenbrecher dem Meer abgewonnen, sondern aus dem Land ausgegraben, weil die Wasserverhältnisse der Jade und Weser an jenen Punkten sich zu Hafenanlagen nicht eigneten.

Ein sehr wünschenswertes Erfordernis für einen Hafen ist eine gleichbleibende Höhe der Wasserfläche. In Gewässern, wo, wie im Mittelmeer oder der Ostsee, keine Ebbe und Flut herrscht, ergibt sich dies bis auf sehr geringe Unterschiede von selbst. Wo jedoch, wie in der Nordsee, Ebbe und Flut ist und der Unterschied des Wasserstandes in sechs Stunden 12-40 Fuß sein kann, muß man das gleiche Niveau künstlich herstellen, und die dort befindlichen Hafenbassins sind deshalb mit Schleusen versehen, die nur zur Zeit des Hochwasser geöffnet werden, um Schiffe aus- und einzulassen, sonst aber immer geschlossen werden.

Viele Seehandelsplätze haben keine oder nur sehr kleine und flache Häfen, in denen nur wenige oder nicht tiefgehende Schiffe Platz finden. Als Ersatz dafür dienen dann die R e e d e n, Ankerplätze, die wenigstens von mehreren Seiten gegen Winde gesichert, auf denen die Schiffe aber immer mehr oder weniger gefährdet sind. Um nicht zu stranden, müssen dann die Schiffe oft bei nahendem Sturm ihre Anker im Stich lassen und fliehen, um

Seeraum zu gewinnen. Bisweilen werden auch solche Reeden durch Molen geschützt, wie z.B. die von Cherbourg und Plymouth. Die Cherbourger Mole ist in flachem Bogen von nahezu einer halben Meile Länge gebaut. Der Bau hat über vierzig Jahre gewährt und 200 Mill. Frs. gekostet.

Kriegs- und Handelshäfen unterscheiden sich in den Grundzügen ihrer Anlagen wenig voneinander, sondern hauptsächlich in den sie umgebenden Baulichkeiten. In jenen ist alles nur darauf eingerichtet, Schiffe schnell zu bauen, auszurüsten und zu reparieren. Alle dazu nötigen Etablissements, Werften, Werkstätten usw. sind deshalb unmittelbar um den Hafen gruppiert. Bei Handelshäfen ist jedoch nur auf möglichst schnelles und bequemes Aus- und Einladen der Waren Rücksicht genommen, deshalb sind sie zunächst von Speichern, Warenlagern und ähnlichen Zwecken dienenden Gebäuden umgeben, während Werften, Docks usw. gewöhnlich etwas entfernt davon und zerstreut liegen.

Die Anstalten, auf oder in denen Schiffe gebaut werden, heißen Hellinge und Docks.

Die Hellinge sind schräg gegen das Wasser neigende und unter dessen Spiegel hinabreichende Ebenen, die aus einem mit starken Bohlen belegten Pfahl- oder Balkengerüst bestehen. Um die auf ihnen erbauten Schiffe möglichst gegen Witterungseinflüsse zu schützen, sind sie, wenigstens in Kriegshäfen, überdacht (Taf. 16, Fig. 1).

In früheren Zeiten reparierte man die Schiffe auch auf den Hellings, indem man eine Art Schlittengerüst unter sie schob und sie auf diesem ruhend auf die Helling zog. Dies war nicht nur eine sehr schwierige Arbeit, sondern strengte auch die Schiffe selbst sehr an, so daß sie sich oft in ihrer Form änderten. Je größer man die letzteren baute, desto mehr häuften sich diese Schwierigkeiten, und man begann deshalb Docks zu konstruieren.

Docks sind Bassins, in welche man reparaturbedürftige Schiffe hineinschwimmen läßt. Sie werden dann durch Schleusentore geschlossen, das Wasser ausgepumpt und die Schiffe allmählich, je nachdem sie trocken kommen, abgestützt.

Es gibt feste und schwimmende Docks; erstere werden ausgegraben, mit Mauerwerk gefüttert und öffnen sich nach dem Hafen oder Fluß. Wo Verhältnisse derartige Anlagen nicht gestatten, baut man schwimmende Docks, und zwar in der Neuzeit von Eisen. Taf. 21, Fig. 1 zeigt ein solches, Fig. 2 ein festes oder Trockendock. Die Schwimmdocks haben doppelte Wände, zwischen welche man Wasser einströmen läßt, wenn man das Dock zur Aufnahme des betreffenden Schiffes senkt. In der Mittellinie seiner Bodenfläche sind Stapelklötze gelegt, auf denen der Kiel ruht. Eine Dampfmaschine pumpt das Wasser aus und hebt das Dock, das keiner Schleusentüren bedarf wie das feste Dock, weil sein Boden sich bis über die Wasserfläche erhebt. Das größte schwimmende Dock ist das für die Bermuda-Inseln, welches in England erbaut, im Jahre 1869 durch zwei große englische Panzerschiffe dorthin bugsiert wurde und über 400 Fuß lang ist. Bedarf ein Schiff in einem Hafen, der keine Docks hat, einer Bodenreparatur, so kielholt man es oder setzt es auf eine Kielbank.

Taf. 21, Fig. 3 zeigt ein gekielholtes Schiff. Dasselbe wird mittels schwerer Giens, die an den Toppen der Untermasten und am Land befestigt sind, niedergewunden und auf die Seite gelegt. Bisweilen hat man auch schwere Prähme, an denen man das Schiff kielholt. Zu dieser Operation gehört jedoch immer eine vollständig geschützte Stelle und sehr ruhiges Wasser. Bei dem dargestellten Schiff wird mit Strohfeuer der Boden abgebrannt, um den in die Planken gedrungenen und diese schnell zerstörenden Holzwurm zu töten.

Die Kielbank (Fig. 4) läßt sich nur anwenden, wo Ebbe und Flut und der Niveauunterschied zwischen beiden sehr groß ist. Mit Hochwasser wird das Fahrzeug auf die Kielbank geholt und mit einer Seite gegen die Mauer gestützt. Mit ablaufendem Wasser kommt es dann trocken. Da die nächste Flut es jedoch wieder unter Wasser setzt, so kann man auf einer Kielbank keine größeren Reparaturen des Bodens vornehmen.

Um schwere Lasten an oder von Bord zu heben, bedient man sich der Kräne, die ebenso wie die Masten großer Schiffe jetzt nur noch aus Eisen konstruiert werden. Man hat stehende (Taf. 20, Fig. 7) und schwimmende Kräne (Fig. 6). Bei den letzteren ist der dritte hintere Fuß beweglich, d.h. er läuft unten in eine kolossale Schraube aus und läßt sich mittels derselben verkürzen und verlängern, um den Kran senkrecht zu stellen oder ihm Fall zu geben. Eine der gewaltigsten und in ihrer Art einzig dastehenden Marinebauten ist der das Mittelländische mit dem Roten Meer verbindende Suezkanal, dessen Plan, Dimensionen und Profil Taf. 20, Fig. 3-5 abgebildet sind. Derselbe hat eine Länge von 22¼ Meilen, eine obere Breite von 100 Metern, eine Sohlenbreite von 22 Metern und durchgängig eine Tiefe von 8 Metern. Die Idee zu diesem Riesenwerk ging von dem Franzosen Lesseps aus, und seiner Energie ist auch die endliche Durchführung zu danken. Die Eröffnung des Kanals fand unter den größten Feierlichkeiten am 17. November 1869 statt. Von seiten Norddeutschlands war der Kronprinz von Preußen mit einem Geschwader von fünf Kriegsschiffen zugegen und gehörte die norddeutsche gedeckte Korvette Hertha zu den ersten Schiffen, welche den Kanal passierten, um sich auf Station nach den chinesischen Gewässern zu begeben. Die dadurch ersparte Wegstrecke gegen die Tour um das Kap der guten Hoffnung beträgt über 1000 geogr. Meilen.

Lotsenwesen, Warnungszeichen und Rettungswesen

(Tafel 19, 21 und 22.)

1. Lotsenwesen

Man kann von dem Seemann verlangen, daß er im Stande sei, sein Schiff mit Hilfe seiner theoretischen und praktischen Kenntnisse überall hinzuführen, wo er freies Wasser hat und den sich auf diesem Wege bietenden

Gefahren auszuweichen oder sie zu besiegen, soweit dies in menschlicher Macht steht. Unmöglich kann ihm aber auch zugemutet werden, alle die engen, sehr häufigen Veränderungen unterliegenden Fahrwasser von Strömen, Buchten und Häfen so zu kennen, um sie ohne Gefahr anzusegeln.

Um dem Seefahrer diese Aufgabe zu erleichtern, ist das Lotsenwesen eingerichtet, welches teils, wie z.B. in Preußen, vom Staat ressortiert, teils, wie in England, Privaten überlassen ist, dann aber doch unter Oberaufsicht staatlicher Behörden steht.

Die Lotsen sind erfahrene und mit der Führung eines Schiffes vertraute Seeleute, welche alle Gefahren in ihrem Revier und dessen nächster Umgebung so genau kennen, daß sie selbst bei Nacht und Nebel die ihnen anvertrauten Schiffe sicher hindurchleiten können.

Man unterscheidet Seelotsen und Binnenlotsen. Erstere bringen die Schiffe aus See bis vor die Mündung der Flüsse oder Häfen, und letztere lösen sie dann ab. Die Lotsen stehen sämtlich unter einem Kommandeur, der ihren Dienst regelt. Die Seelotsen gehen oft weite Strecken in See hinaus, um die ansegelnden Schiffe aufzusuchen. Ihre Fahrzeuge sind dann meistens Kutter (Taf. 21, Fig. 8), die vortrefflich gegen den Wind ankreuzen und trotz ihrer Kleinheit gute Seefahrzeuge sind. Diese Kutter haben gewöhnlich den Anfangsbuchstaben des Reviers, zu dem sie gehören, sehr groß in ihrem Hauptsegel gemalt, um schon von weitem kenntlich zu sein. Außerdem führen sie am Top des Mastes eine Flagge und Nachts statt dessen eine Laterne. Sieht ein Schiff einen solchen Kutter und will es einen Lotsen haben, so hißt es die Nationalflagge im Vortop oder auch die Lotsenflagge, die für Deutschland einen schwarzen, weißen und roten horizontalen Streifen in einem weißen Quadrat trägt. Fig. 7 ist ein Lotsenboot, wie es von Binnenlotsen oder auch von Seelotsen in ruhigen Gewässern gebraucht wird.

Zu den Aufgaben des Lotsenkommandeurs gehört auch die Betonnung und Reinhaltung des Fahrwassers, wenn sich dasselbe durch Strömung usw. ändert. Die Tonnen oder Bojen, welche entweder keilförmig oder an beiden Seiten spitz konstruiert und die durch Farben, Nummern oder sonstige Kennzeichen voneinander unterschieden werden, legt man am Rand des sicheren Fahrwassers aus, gewöhnlich auf 18-30 Fuß Tiefe; weil 18 Fuß schon für kleinere Schiffe bei Seegang gefährlich werden können. Das Reinhalten und Vertiefen der Stromrinnen und Häfen geschieht mit Baggern (Taf. 22, Fig. 18), schweren Prähmen mit Dampfmaschinen. An jeder Seite tragen sie ein schwertähnliches Eisengerüst, um das eine Reihe starker eiserner Eimer ohne Ende durch die Maschine bewegt wird. Die Eisengerüste lassen sich senken, so daß ihr unteres Ende noch bis zu 24 oder 25 Fuß den Grund erreichen kann. Bei gehenden Maschinen fassen die Eimer den Grund, bringen ihn herauf und schütten ihn in flache mit Luftkasten versehene Prähme, die gefüllt fortbugsiert werden. Will man sie an einem bestimmten Ort leeren, so öffnet man einfach eine Klappe in ihrem Boden, durch welche der Inhalt fortgeht, während die Luftkasten sie schwimmend erhalten.

2. Warnungszeichen

Um den Schiffen auf weite Entfernungen Gefahren oder den sicheren Eingang zu bestimmten Fahrwassern zu bezeichnen, benutzt man Feuertürme, Feuerschiffe und Baaken.

Taf. 21, Fig. 5 zeigt das Bild eines Leucht- oder Feuerturms, die gewöhnlich auf vorstreckenden Landspitzen, bisweilen auch, wie z.B. der von Eddystone im englischen Kanal auf einzelnen Klippen im Meer plaziert sind. Man kennt Feuertürme schon seit zweitausend Jahren. Den ersten historisch beglaubigten erbaute Ptolemäus Lagi auf der Insel Pharus bei Alexandria.

Man unterscheidet bei Feuertürmen feste, Dreh- und Blickfeuer. Die festen Feuer der Neuzeit haben sämtlich sogenannte katadioptrische Apparate, d.h. die Lampen (zehn oder mehr Argandlampen) brennen in Gläsern, die so geschliffen sind, daß sie die Lichtstrahlen sämtlich in eine perpendikuläre Linie zurückwerfen, wodurch ihr Schein heller und konzentrierter wird (Taf. 21, Fig. 11). Bei einzelnen Feuern, wie z.B. bei Dungeneß im englischen Kanal, wendet man auch elektrisches Licht an.

Bei Dreh- und Blickfeuern veranlaßt ein durch Uhrwerk getriebener Schirm eine periodische Verdunkelung von längerer oder kürzerer Dauer, die in den Seekarten und Segelanweisungen angegeben ist.

Die Feuertürme werden meistens von Mauerwerk, oft aber auch von Eisen konstruiert. Ihre Höhe über dem Wasser beträgt selten über 200 Fuß, weil ihr Licht sonst leicht durch die sich in der Höhe bildenden Dünste verhüllt wird.

An Orten, wo man keine Feuertürme bauen kann, legt man statt ihrer Feuerschiffe (Taf. 21, Fig. 6) aus, Fahrzeuge von 150-200 Tonnen Größe mit einem, zwei oder drei Masten, deren jeder am Tag eine Korbkugel, bei Nacht aber eine sehr weitsichtige (2-3 geogr. Meilen) Laterne trägt. Da die Feuerschiffe, wenn irgend möglich, nie ihren Platz verlassen dürfen, müssen sie darauf eingerichtet sein, auch den schwersten Sturm abreiten zu können und deshalb notwendig sehr gutes Ankergeschirr haben. Gewöhnlich verankert man sie mit Champignonankern (Taf. 13, Fig. 23), die sich immer tiefer in den Grund graben, je mehr Kraft darauf kommt. Die Ketten sind natürlich ebenfalls sehr schwer und vom besten Material. Die Feuerschiffe werden rot angestrichen, weil man diese Farbe auf dem Wasser am weitesten sieht.

Bei Nebel sieht man weder Feuertürme noch Feuerschiffe, deshalb hat man an besonders gefährlichen Punkten Bojen mit Glocken ausgelegt, welche durch die Bewegung der See geläutet werden, oder man hat Dampfpfeifen eingerichtet, die periodisch pfeifen.

Baken sind hölzerne kirchturmähnliche Gerüste, die, an der Küste oder auf Untiefen gerichtet, ebenfalls als Merk- oder Warnzeichen für Schiffe dienen.

3. Rettungswesen

In früheren Zeiten drohte den Seeleuten bei Strandungen nicht nur die Gefahr, ihren Tod in den Wellen zu finden, sondern es harrte ihrer fast noch ein schlimmeres Los, wenn sie sich retteten. Ihr Hab und Gut verfiel dem Strandherren, und gar oft wurden sie in die Sklaverei verkauft. Überbleibsel dieser rohen Barbarei haben sich selbst an unseren Küsten bis in die jüngsten Zeiten erhalten. Erst seit dem Ende des letzten Jahrhunderts ist man so human geworden, überhaupt von den Küsten aus an die Rettung Schiffbrüchiger zu denken, und seit 20 Jahren hat das Rettungswesen einen Aufschwung erhalten, der unserem Zeitalter Ehre macht.

Das englische Volk war das erste, welches den Schiffbrüchigen zu Hilfe kam, augenblicklich fungieren aber Rettungsstationen an den meisten gefährlichen Punkten der europäischen Küsten und auch in Norddeutschland besteht seit 1865 eine allgemeine Gesellschaft zur Rettung Schiffbrüchiger mit 75 Rettungsstationen, die in den letzten 5 Jahren nahe an 400 Personen gerettet, während die englischen 500 Rettungsapparate seit 1789 nahe an 20000 Personen dem Wassergrab entrissen haben.

Die Rettungsmittel, um Schiffbrüchigen vom Land aus zu Hilfe zu kommen, sind Boote und Geschoßapparate. Die Boote, von denen Taf. 19, Fig. 8 eine Abbildung gibt, müssen für ihre Zwecke besonders konstruiert sein. Das beste Modell hat ein englischer Schiffbauer Peake geliefert, und es ist allgemein im Gebrauch. Es ist inwendig, vorn und hinten, sowie an den Seiten mit Luftkasten versehen, die ihm große Tragkraft geben und es möglichst gegen Umschlagen sichern. Ferner hat es einen doppelten Boden. Der obere derselben liegt über dem Wasserniveau und von ihm führen Röhren durch den unteren. Schlägt nun Wasser in das Boot, so läuft es durch seine eigene Schwere von selbst wieder durch die Öffnungen ab. Die Boote stehen unter Schuppen an der Küste und werden auf Transportwagen (Fig. 8) zu der Strandungsstelle hingefahren.

Außerdem hat das Peakeboot einen schweren eisernen Kiel, der bis zu 9 Zentnern wiegt. Wird es dann einmal in der Brandung umgeschlagen, so ruht es auf seinen Endluftkasten, und da sein Schwerpunkt, der Kiel, hoch in der Luft liegt, so muß es bei der nächsten Wellenbewegung wieder zurückschlagen, sich richtig auf den Kiel legen und sich entleeren, so daß die mit Korkjacken versehenen Mannschaften wieder hineinklettern und weiter rudern können. Fig. 1 zeigt ein solches sich durch die Brandung arbeitendes Rettungsboot.

Manöverkunde.

(Tafel 7, 17 und 25.)

Der Seemann findet seinen Weg über den Ozean mit Hilfe nautischer Beobachtungen und der dazu nötigen Instrumente, Kompaß, Log, Karten und Sextant; er legt ihn auf sicherste und kürzeste Weise zurück durch geschickte Manöver, durch welche er Wind und Strömung auf das beste auszunutzen weiß.

Ein Segelschiff manövriert mit Segeln und Ruder, ein Dampfschiff, wenn es überhaupt dampft, gewöhnlich allein mit der Maschine und dem Ruder. Manövriert es ohne Dampf, so agiert es als Segelschiff. Manöver unter Dampf und Segel gleichzeitig werden verhältnismäßig selten ausgeführt.

Die Manöver des einzelnen Segelschiffs bestehen hauptsächlich im richtigen Anpassen der Segelfläche an die jeweilige Windstärke, in der richtigen Stellung der Segel je nach dessen Richtung und im vorteilhaften Aufkreuzen (Lavieren) gegen ungünstigen Wind.

Zu dem ersteren gehört das seemännische Verständnis, die für die betreffende Windstärke notwendigen Segel zu setzten oder zu bergen, das Lösen, Reffen und Festmachen. Die für die Windrichtungen vorteilhafteste Stellung wird den Segeln, resp. Rahen durch die Brassen, Halsen und Schoten gegeben, und beim Kreuzen sind die beiden Hauptmanöver Wenden und Halsen.

Die Wirkung des Ruders auf die Richtungs-, resp. Kursänderung des Schiffes ist folgende:

Liegt es mittschiffs, d.h., liegt seine Ebene in der Richtung des Kiels, so übt es keinen Einfluß aus. Dreht man es mittels der nach Steuerbord (rechts, von hinten nach vorn gesehen) gelegten Ruderpinne nach Backbord, so bildet seine Fläche mit der Kielebene und links von dieser einen Winkel. Das von vorn längs der Schiffsseite kommende Wasser stößt sich an ihm und drängt das Hinterschiff nach Steuerbord, das Vorderschiff geht also nach links oder nach Backbord. Das umgekehrte findet statt, wenn die Pinne nach Backbord gelegt wird. Die Segel sind im Schiff, resp. an den Masten so verteilt, daß sie sämtlich gesetzt, sich das Gleichgewicht halten, und das Schiff nur vorwärts treiben, wenn das Ruder nach beiden Seiten gleichmäßig gedreht wird, um Kurs zu halten.

Denkt man sich den Drehpunkt des Schiffs in dessen Mitte und nimmt man bei seitlich einkommenden Winden die Hintersegel fort, so wirken die Vorsegel als Hebel auf das Vorschiff und drängen es nach Lee. Um dies zu paralysieren, gebraucht das Schiff Leeruder, d.h., die Pinne muß nach Lee gelegt werden, damit das Vorschiff nach luvwärts geht. Umgekehrt ist es, wenn man Vorsegel fortnimmt und die Hintersegel stehen läßt. Das Schiff schießt dann mit dem Kopf in den Wind und steuert schlecht oder gar nicht.

Das Steuern gibt deshalb einen Maßstab für die richtige Segelführung, und derselbe macht sich um so mehr geltend, je länger das Schiff, resp. je länger die Hebelarme seiner vorderen und hinteren Hälfte sind.

Will man beim Kreuzen w e n d e n , so tut man dies mit Hilfe der Segel und des Ruders in der Weise, daß man das Schiff mit dem Kopf durch die Richtung des Windes gehen läßt und dann diesen von der anderen Seite einbekommt.

K r e u z e n (von Landbewohnern Lavieren genannt) ist das Manöver eines Schiffs, gegen den Wind zu fahren und einen gegebenen Punkt zu erreichen, obwohl der Wind recht daher weht.

Dies kann nicht direkt, sondern nur dadurch geschehen, daß das Schiff zuerst von einer und dann von der anderen Seite so nahe wie möglich am Wind segelt. Letzterer ist bis zu 6 Striche bei gewöhnlichen Segelschiffen möglich, d.h. kommt der Wind z.B. von Nord, wohin das Schiff will, so kann dieses mit dem Wind von der linken Seite (Backbord) Ostnordost, also 2 Striche oder 22½ Grad im Kreisbogen nördlicher als in der Querrichtung Ost, und wenn es dann wendet, über Steuerbordbug ebenso viel nördlicher als West steuern. Es gelang mithin über beide Buge stetig nach Norden, und da es das gesegelte Ost durch das spätere Westsegeln wieder ausgleicht, so bleibt bei diesem Kreuzen in Zickzacklinie als Resultat nur ein Vorwärtskommen nach Norden übrig, das man anstrebt. Durch das Manöver des Wendens selbst gewinnt man ebenfalls. Indem man das Schiff durch den Wind drehen läßt, schießt es vermöge seines Moments eine gute Strecke in der Richtung des ersteren auf, und dies geschieht um so mehr, je schneller das Schiff segelt und je besser es konstruiert ist. Es kommt dann während des Wendens gar nicht aus der Fahrt, obwohl die Segel dabei eine Zeit lang b a c k liegen, d.h., obwohl der Wind von vorn auf sie weht.

Bei Ausführung des Wendens wird zuerst das Ruder in Lee gelegt. Dadurch luvt das Schiff an, d.h. es geht mit dem Kopf allmählich in den Wind. Um dies Manöver zu unterstützen und zu beschleunigen, wird der Besanbaum bis mittschiffs (in der Kiellinie des Schiffs) aufgeholt. Dadurch verliert der Besan seine vorwärtstreibende Kraft und wirkt nur quer, indem er das Hinterschiff dem Vorschiff entgegengesetzt herumtreibt.

Gleichzeitig werden die Schoten sämtlicher Vorsegel, Stagsegel, Klüver, Außenklüver aufgefiert (gelöst), wodurch sie loskommen und der von ihnen auf das Vorschiff ausgeübte seitliche Druck aufhört.

Da das Schiff noch eine Zeit lang sein Moment beibehält, so folgt es dem in Lee gelegten Ruder weiter, und zwar gewöhnlich so lange, bis der Kopf durch den Wind ist und dieser von der anderen Seite einzukommen beginnt.

Weil aber der immer von vorn kommende Wind die Segel back legt, so vermindert sich die Fahrt des Schiffes. Dieses geht gewöhnlich nur noch wenig voraus, wenn der Wind eben von der anderen Seite einkommt, und beginnt dann oft rückwärts zu gehen. Das Ruder wird in diesem Fall übergelegt, um in der früheren Weise fortzuwirken.

Gleichzeitig wird die weitere Drehung des Schiffes durch die Segelstellung unterstützt. Man braßt die Hinterrahen um und scharf an den Wind, läßt die Vorrahen aber stehen, weil der jetzt immer seitlicher einkommende Wind auf sie als Kraft wirkt, um das Vorschiff noch mehr herumzuwerfen, was man beabsichtigt. Sobald dann die Hintersegel füllen, was der Fall ist, wenn das Schiff so weit gedreht ist, daß der Wind 6 Strich einkommt, braßt man auch vorn voll, das Schiff bekommt wieder Fahrt und befindet sich dann auf dem anderen Bug, um in dieser Weise weiter zu wenden und zu kreuzen.

Ist der Wind sehr stürmisch und die See hoch, so daß das Schiff nur kleine Segel führen kann und wenig Fahrt macht, so ist das Wenden nicht ausführbar; dann muß man h a l s e n. Dies geschieht, indem man das Ruder luvwärts legt, wodurch der Kopf des Schiffes nach Lee, also vom Wind ab gedreht wird. Man unterstützt diese Drehung, indem die Hintersegel lebendig gebraßt werden, so daß sie flattern, keinen Druck auf das Hinterschiff üben können und mithin die vorderen Segel auf das Vorschiff voll wirken.

Ist das Schiff vor dem Wind, d.h., kommt dieser platt von hinten, so braßt man die Vorrahen v i e r k a n t (rechtwinklig zur Kiellinie), die Hinterrahen aber über den anderen Bug scharf an. Durch das fortwährende Drehen des Schiffs kommt dann der Wind von der anderen Seite ein. Er trifft die vierkant stehenden Segel schräg und unkräftig, so daß diese das Vorschiff nicht am Weiterdrehen hindern, dagegen die Hintersegel voll, und diese drängen das Hinterschiff herum, bis das Schiff über den anderen Bug scharf beim Wind liegt. Die Vorrahen werden dann inzwischen auch scharf angebraßt.

Beim Halsen geht also das Schiff den entgegengesetzten Weg herum wie beim Wenden, d.h., vor dem Wind statt durch den Wind. Es gewinnt bei dem Manöver nicht, sondern verliert wieder ein Stück des aufgekreuzten Weges, und man halst deshalb nur, wenn Wind und Wetter das Wenden verbieten.

Ist man bei diesen Manövern unter Segel und Dampf oder unter Dampf allein, so bieten sie natürlich weit geringere Schwierigkeiten, weil dann die Fahrt beständig im Schiff bleibt und letzteres willig dem Ruder gehorcht.

Ein Manövrieren mehrerer Schiffe zusammen, und zwar nach bestimmten Regeln, um gewissen Formationen und Ordnungen zu bilden, innezuhalten, wiederherzustellen oder um von einer in die andere überzugehen, findet nur bei Kriegsschiffen statt, die als Geschwader (2-9 größere Schiffe) oder als Flotte (9 und mehr Schiffe) segeln oder dampfen.

Die verschiedenen Bewegungen und Evolutionen, welche zur Ausführung der Manöver erforderlich sind, begreift man unter dem Namen der S e e t a k t i k. Sie sind in bestimmte Regeln gebracht. Jede taktische Bewegung wird vom ältesten Admiral oder Geschwaderchef (dies kann auch ein Kommodore, dem Brigadier der Landarmee entsprechend, oder bei kleinen Abteilungen ein Kapitän zur See sein) durch Signal befohlen und nach den im Signalbuch enthaltenen Regeln ausgeführt.

Man unterscheidet bei der Seetaktik Marsch- und Gefechtsordnungen. Die ersteren sind loser, die letzteren kompakter formiert; bei den Marschordnungen sind die Entfernungen der einzelnen Schiffe und Schiffsabteilungen voneinander größer (gewöhnlich 2-3 Kabellängen à 120 Faden oder 720 Fuß), bei den Gefechtsordnungen verkürzen sie sich bis auf 1 Kabellänge, um dem Feind das Durchbrechen der eigenen Ordnung zu verwehren.

Die wichtigsten Ordnungen sind die Kiellinie (Taf. 17 dampfen die Schiffe 15-27 Kiellinien, Taf. 7 Fig. 1 liegt die türkische Flotte b, in Kiellinie vor Anker), bei der die Schiffe hintereinander, sodann die Dwars- oder Frontlinie (Taf. 7, Fig. 1a zeigt die russische Flotte in Frontlinie), bei der sie nebeneinander segeln. Ferner die Beim-Windlinie, bei der jedes Schiff seinen Nebenmann sechs Strich vor der Kursrichtung hat, und die Flotte mit Bezug auf ihren Kurs also eine schräge Linie bildet, bei der der eine Flügel bedeutend weiter vorgeschoben ist als der andere. Sodann die Kolonne (Taf. 17, Fig. 21-27 dampfen die Schiffe in zwei Kolonnen): zwei oder drei Kiellinien nebeneinander, und der ausspringende oder Jagd-, und sein Gegenteil, der einspringende oder Rückzugswinkel. Bei beiden bildet das Admiralschiff den Scheitel.

Sodann gibt es noch gezahnte Frontlinien, die aus zwei Frontlinien hintereinander bestehen, von denen die Schiffe der hinteren in die Zwischenräume der vorderen schließen usw.

Die Kiellinie war die gewöhnliche Schlachtordnung zur Zeit der Segelflotten, und sie ist auch für die hölzernen Schraubenflotten maßgebend gewesen, obwohl sie in der Periode dieser Schiffe nicht praktisch erprobt wurde, weil keine Seeschlacht vorgekommen ist. Die Zerstörung der türkischen durch die russische Flotte im Hafen von Sinope 1855 kann in dieser Beziehung nicht in Betracht kommen. Die erstere lag vor Anker, während die Russen ohne weitere Ordnung in den Hafen drangen und die gar nicht vorbereiteten, schlecht bewaffneten und nicht disziplinierten türkischen Schiffe mit ihren Bombenkanonen in kurzer Zeit in Brand schossen und vernichteten.

Vierundachtzig Jahre früher war schon einmal die türkische Flotte von der russischen auf ähnliche Weise überrascht und vernichtet, und Taf. 7 gibt die Darstellung der Schlacht bei Tschesme in Kleinasien, nach den auf Katharina's II. Veranlassung entworfenen Gemälden von Hackert. Beide Flotten hatten am 5. Juli 1770 in offener See unentschieden miteinander gekämpft, und ihre beiden Admiralschiffe waren in die Luft geflogen. Die Türken zogen sich in die enge und flache Bucht von Tschesme, der Insel Chios gegenüber, zurück, wurden in der Nach von den Russen unter Admiral Orlow angegriffen und mit Ausnahme weniger entkommenden Schiffe zerstört, hauptsächlich durch russische Brander.

Taf. 17 gibt die Darstellung eines Schlachtmanövers, wie es im Jahre 1853 von der englischen Flotte bei Spithead vor der Königin ausgeführt wurde. Es war dies zur Zeit der Übergangsperiode von Segel- zu Schraubenschiffen. Die Schraubenschiffe mit festgemachten Segeln und nur unter Dampf kämpfend, befinden sich unter dem Wind und in

Kiellinie hintereinander rangiert, die Segelschiffe luvwärts ebenfalls in Kiellinie, jedoch ist ihnen eine zweite Kolonne schwerer Raddampfer beigegeben, um sie bei Havarien bugsieren zu können. Seit Einführung der Panzerschiffe sind jedoch alle früheren Gefechtsverhältnisse zur See umgekehrt und auch die Taktik ist demgemäß eine ganz andere geworden.

Die Stärke der Holzschiffe lag in ihrer Breitseite, weil sich hier ihre einzigen Kampfmittel, die Geschütze, konzentrierten. Um diese zur Geltung zu bringen, mußten sie deshalb dem Feind immer die Breitseite zukehren, und die ganze Taktik beruhte auf diesem Grundsatz. Sich enfilieren, d.h. der Länge nach vom Feind beschießen zu lassen, in welche Richtung man ihm nur wenige Geschütze entgegenstellen konnte, und in der auch die feindlichen Kugeln die ganze Länge des Schiffes bestrichen, mithin die schlimmste Wirkung ausübten, mußte unter allen Umständen vermieden werden.

Die Stärke der Panzerschiffe dagegen liegt nicht in ihrer Breitseite, sondern im Bug. Ihre Hauptwaffe ist der Sporn, und die Kanonen kommen erst in zweiter Reihe. Ihre Schwäche ist die Breitseite, teils weil ein Stoß des feindlichen Sporns gegen sie das Schiff zum Sinken bringt, während er an dem scharfen Bug abgleitet, teil weil auch die feindlichen Geschosse den Panzer eher durchdringen, wo sie wie auf der Breitseite rechtwinkeling aufschlagen können, als im Bug, oder Heck, wo sie die scharfe Schiffsform nur unter einem Winkel treffen und dadurch ganz bedeutend an Kraft verlieren.

Die Aufgabe der Taktik für Panzerschiffe ist deshalb die entgegengesetzte der für Segelschiffe. Sie muß Formationen schaffen, in denen erstere dem Feind stets ihren Sporn zukehren und die deshalb in sich möglichst beweglich sein müssen. Da langgestreckte Ordnungen, wie z.B. die frühere Kiel- oder Frontlinie der Flotten, eine solche Beweglichkeit nicht besitzen, so muß man auf andere kompakte bedacht sein, indessen stehen gültige und erprobte Regeln dafür noch nicht fest, und die seefahrenden Nationen machen gegenwärtig noch Versuche. Bis jetzt hat nur eine Seeschlacht stattgefunden, in der auf beiden Seiten mehrere Panzerschiffe tätig waren: die Schlacht bei Lissa zwischen Österreichern und Italienern. Letztere hatten ihre Schiffe in der alten Kiellinie formiert, und Admiral Tegethoff kam im ausspringenden Winkel auf sie zu und durchbrach sie. Später hörte jedoch jede taktische Ordnung auf, es entstand ein Mêlée, in dem die Österreicher, ebenso wohl durch ihre Tapferkeit als durch Glück begünstigt die italienische Panzerfregatte Rè d'Italia mit dem Sporn in den Grund rannten und die Panzerfregatte Palestro in Brand schossen. Dadurch war die Schlacht für sie gewonnen, aber sie hatten den Sieg großenteils der Feigheit des italienischen Admirals Albini zu danken, der trotz wiederholten Signals zum Angriff seinem Vorgesetzten, Admiral Persano, nicht gehorchte, mit der ganzen ihm untergebenen Flotte hölzerner Schiffe sich außerhalb der Feuerlinie hielt und dadurch den Österreichern gestattete, sich mit ihrer ganzen Macht auf die italienischen Panzerschiffe zu werfen.

Die taktische Formation für Panzerschiffe, welche von den verschiedenen Mächten bis jetzt als die beste betrachtet zu werden scheint, ist die des Quarré, und zwar immer aus vier Schiffen, und sind die beweglichste Ordnung, die es gibt. Taf. 25 gib t eine Darstellung der Schlacht bei Lissa im Augenblick, als Tegethoff mit dem Erzherzog Max den Rè d'Italia in den Grund gerannt hat.

Die kaiserlich deutsche Marine

(Tafel 10.)

Zum Schluß führen wir noch den Stärkebestand der deutschen Marine (Juli 1870) an. Dieselbe besteht aus:

a. Dampfschiffen

	Kanonen	nom. Pfdekr.	Tonn. Gehalt
Panzerfregatte König Wilhelm	23	1150	5938
Friedrich Karl	16	950	4044
Kronprinz	16	800	3404
Panzerfahrzeug Arminius	4	300	1230
Prinz Adalbert	3	300	681
Gedeckte Korvette Elisabeth	28	400	2016
Hertha	28	400	1829
Vineta	28	400	1829
Arcona	28	350	1715
Gazelle	28	350	1715
Glattdecks-Korvette Augusta	14	363	1543
Victoria	14	363	1543
Medusa	17	200	956
Nymphe	17	200	956
Aviso Preußischer Adler	4	300	850
22 Dampfkanonenboote mit zusammen	52	1480	5858
Königl. Yacht Grille	_0	_160	_445
38 Schiffe	320	8466	36452

b. Segelschiffen

	Kanonen	Tonn.-Gehalt
Fregatte Gesion, Wachtschiff	48	1360
Thetis, Artillerieschiff	38	1524
Niobe	28	1052
Brigg Muskito, Schiffsjungenschiff	8	551
Latus	122	4487
Transport	122	4487
Brigg Rover, Schiffsjungenschiff	8	551
Undine "	8	551
Hela "	6	274
7 Schiffe	144	5863

Außerdem ist kürzlich gekauft von England das hölzerne Schraubenlinienschiff Renown, um als Haupt-Artillerieschulschiff zu dienen. Im Bau befinden sich außerdem Panzerfregatten (Turmschiffe) Großer Kurfürst, Friedrich der Große, sowie eine dritte noch ohne Namen. Ferner Panzerkorvette Hansa, Glattdeckskorvette Ariadne, Avisos Loreley, Nautilus, Albatroß, letztere beiden speziell für Stationsdienst in den ostasiatischen Gewässern gegen Piraten bestimmt.

Nach dem Flottengründungsplan soll die ganze deutsche Flotte 1877 stark sein: 16 Panzerschiffe und Fahrzeuge, 20 Korvetten, 8 Avisos, 3 Transportschiffe (davon 1, der Rhein, bereits vorhanden), 22 Dampfkanonenboote, 2 Artillerieschulschiffe, 5 Übrigsschiffe.

Für die kriegsmäßige Besetzung der vorhandenen Schiffe sind erforderlich: 255 Offiziere, 192 Deckoffiziere, 5012 Seeleute, 737 Maschinenpersonal, 370 Handwerker. 1877 werden erforderlich sein: 522 Offiziere, 400 Deckoffiziere, 9985 Seeleute, 1670 Maschinenpersonal, 784 Handwerker.

Taf. 10 gibt eine Darstellung der größeren Schiffe der deutschen Marine.

Mit den politischen Wandlungen in den letzten 20 Jahren hat auch die deutsche Marine verschiedene Male ihre Benennung gewechselt. Im Jahr 1849, als Deutschland unter dem Erzherzog-Reichsverweser eine Flotte gründete, existierte dieselbe als „deutsche Marine" neben der „preußischen Marine", da Preußen unabhängig von dem übrigen Deutschland außerdem mit Schaffung einer eigenen Seemacht vorging. Nach Wiederherstellung des Bundestages und der Auflösung der „deutschen Marine" im Jahr 1852 bestand bis 1866 nur eine „königlich preußische Marine". Mit Gründung des Norddeutschen Bundes 1866 wurde die letztere „norddeutsche Bundesmarine" und erhielt statt der preußischen die norddeutsche Flagge. Mit Gründung des Deutschen Reiches 1871 ist aus der „norddeutschen Bundesmarine" die „kaiserlich deutsche Marine" entstanden, welche jedoch die Flagge des Norddeutschen Bundes beibehalten hat.

Da dieser Atlas kurz vor der letzten Änderung bereits vollendet war, so ist auf den betreffenden Tafeln (6, 10, 14, 22, 23) in einem Teil der Abdrücke alles die deutsche Marine Betreffende noch als „norddeutsch" bezeichnet, während in dem vorstehenden Text die jetzigen Benennungen bereits angewendet werden konnten.

TAFELN

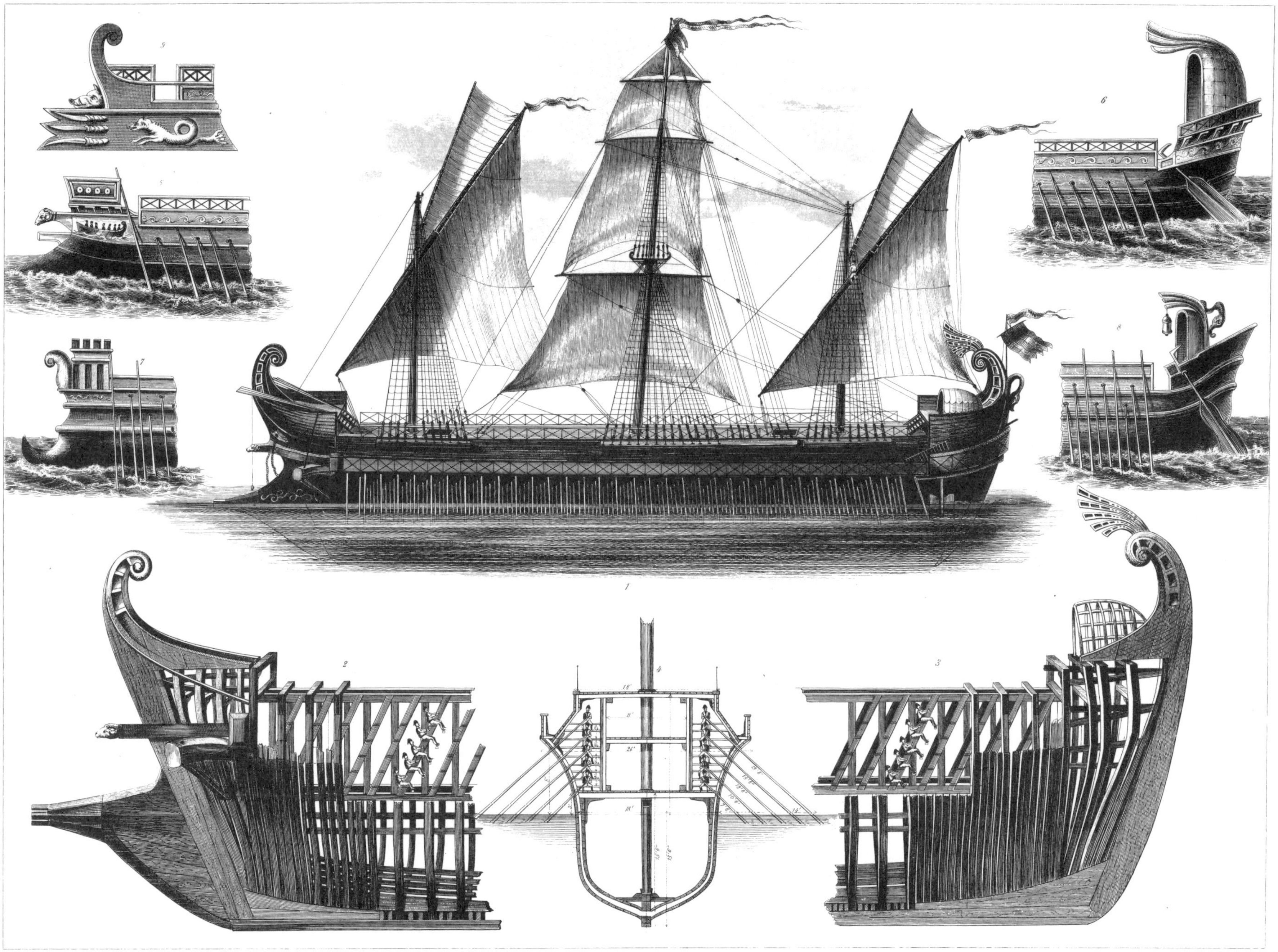

1 Das griechische Fünfreihen-Schiff (Pentere). 2 Vordertheil der Pentere, ohne Plankenbekleidung. 3 Hintertheil der Pentere, ohne Plankenbekleidung. 4 Querschnitt der Pentere mit Einrichtung der Ruderbänke.
5 Vordertheil einer Bireme. 6 Hintertheil einer Bireme. 7 Vordertheil einer römischen Trireme. 8 Hintertheil einer römischen Trireme. 9 Römischer Schiffsschnabel (Rostrum).

7

1 Römische Naumachie. 2 Leuchtthurm. 3 Schiffssäule. 4 Hölxerner Anker. 5 Eiserner Anker. 6 Ruder. 7 Normannenflotte Wilhelm des Eroberers im 11. Jahrhundert.

SEEWESEN.

1 2

3 4 5

1 Henri Grâce à Dieu (1513). 2 Der grosse Harry (1550). 3 Venetianische Galere im 16. Jahrhundert. 4 Kauffahrer des 14. Jahrhunderts im Mittelmeer. 5 Genuesische Caracca (1549 im Dienst).

SEEWESEN.

1 3 2

4

1 L'Invincible, franz. Linienschiff von 1745 (74 Kanonen). 2 Glorioso, span. Linienschiff (74 Kanonen). 3 Engl. Linienschiff von 1820 (120 Kanonen). 4 Engl. Blokadegeschwader vor Alexandrien (1801).

1 Das grösste Kriegsschiff der Königin Elisabeth von England. 2 The Royal Sovereign; erster Dreidecker der engl. Flotte (erbaut 1635–37). 3 The Speaker; erste Fregatte der engl. Flotte (erbaut 1640).
4–7 Constructionsriss des Royal Sovereign: 4 Seitenansicht; 5 Wasserlinienplan; 6 Spantenriss; 7 Ansicht des Hecks.

SEEWESEN.

1 Römische Naumachie. 2 Leuchtthurm. 3 Schiffssäule. 4 Hölxerner Anker. 5 Eiserner Anker. 6 Ruder. 7 Normannenflotte Wilhelm des Eroberers im 11. Jahrhundert.

1 2

3 4 5

1 Henri Grâce à Dieu (1513). 2 Der grosse Harry (1550). 3 Venetianische Galere im 16. Jahrhundert. 4 Kauffahrer des 14. Jahrhunderts im Mittelmeer. 5 Genuesische Caracca (1549 im Dienst).

1 3 2

4

1 L'Invincible, franz. Linienschiff von 1745 (74 Kanonen). 2 Glorioso, span. Linienschiff (74 Kanonen). 3 Engl. Linienschiff von 1820 (120 Kanonen). 4 Engl. Blokadegeschwader vor Alexandrien (1801).

[1] Das grösste Kriegsschiff der Königin Elisabeth von England. [2] The Royal Sovereign; erster Dreidecker der engl. Flotte (erbaut 1635–37). [3] The Speaker; erste Fregatte der engl. Flotte (erbaut 1640).
[4–7] Constructionsriss des Royal Sovereign: [4] Seitenansicht; [5] Wasserlinienplan; [6] Spantenriss; [7] Ansicht des Hecks.

1 2 3 4 5 6 7 8 12

17 16 15 19 14 18 11 10 9 13

Flotte des Norddeutschen Bundes: 1-8 Geschwader der gedeckten und Glattdecks-Corvetten. 9-13 Panzergeschwader. 14-17 Segelflotille. 18 Dampfaviso „Grille". 19 Kanonenboot erster Klasse.

SEEWESEN.

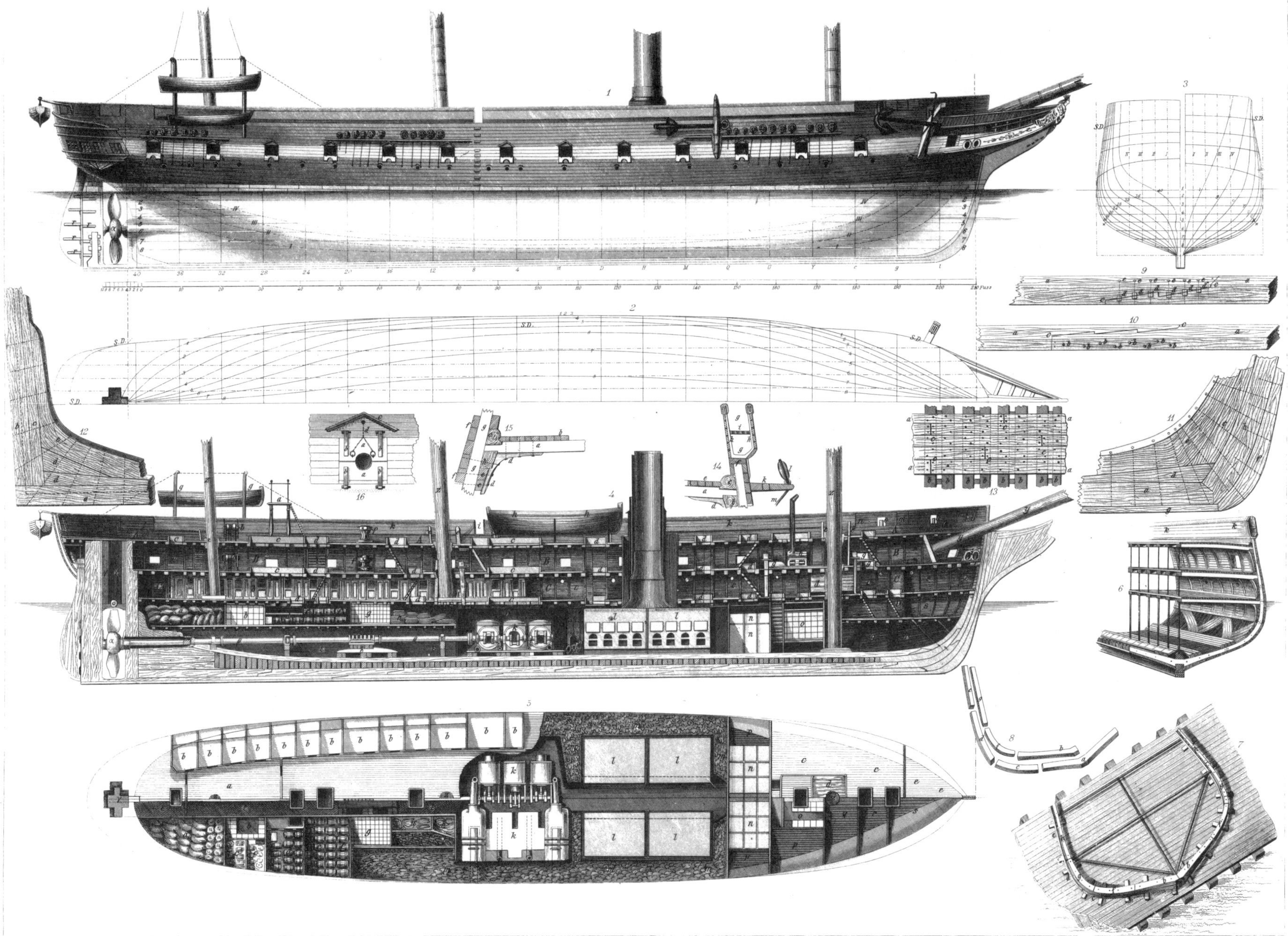

1 Seitenansicht einer modernen gedeckten Corvette (28 Kanonen). 2 Wasserlinienplan derselben. 3 Spantenriss derselben. 4 Längendurchschnitt der Corvette. 5 Stauungsplan und Theile des Zwischendecks. 6 Halber Querdurchschnitt mit perspectivischer Ansicht einer Seite des innern Baues. 7 Ein verbundenes Spant. 8 Einzelne Hölzer eines Spantes vor dem Verbinden zur Hälfte. 9 Kiellasche. 10 Lasche eines Deckbalkens. 11 Verband des Vorstevens mit dem Kiel. 12 Verband des Hinterstevens mit dem Kiel. 13 Verbolzung von Planken und deren Stösse. 14 Oberdecksbalken-Verband, Finkenetzstützen und Rüst. 15 Batteriedecksbalken-Verband. 16 Geschlossene Pforte.

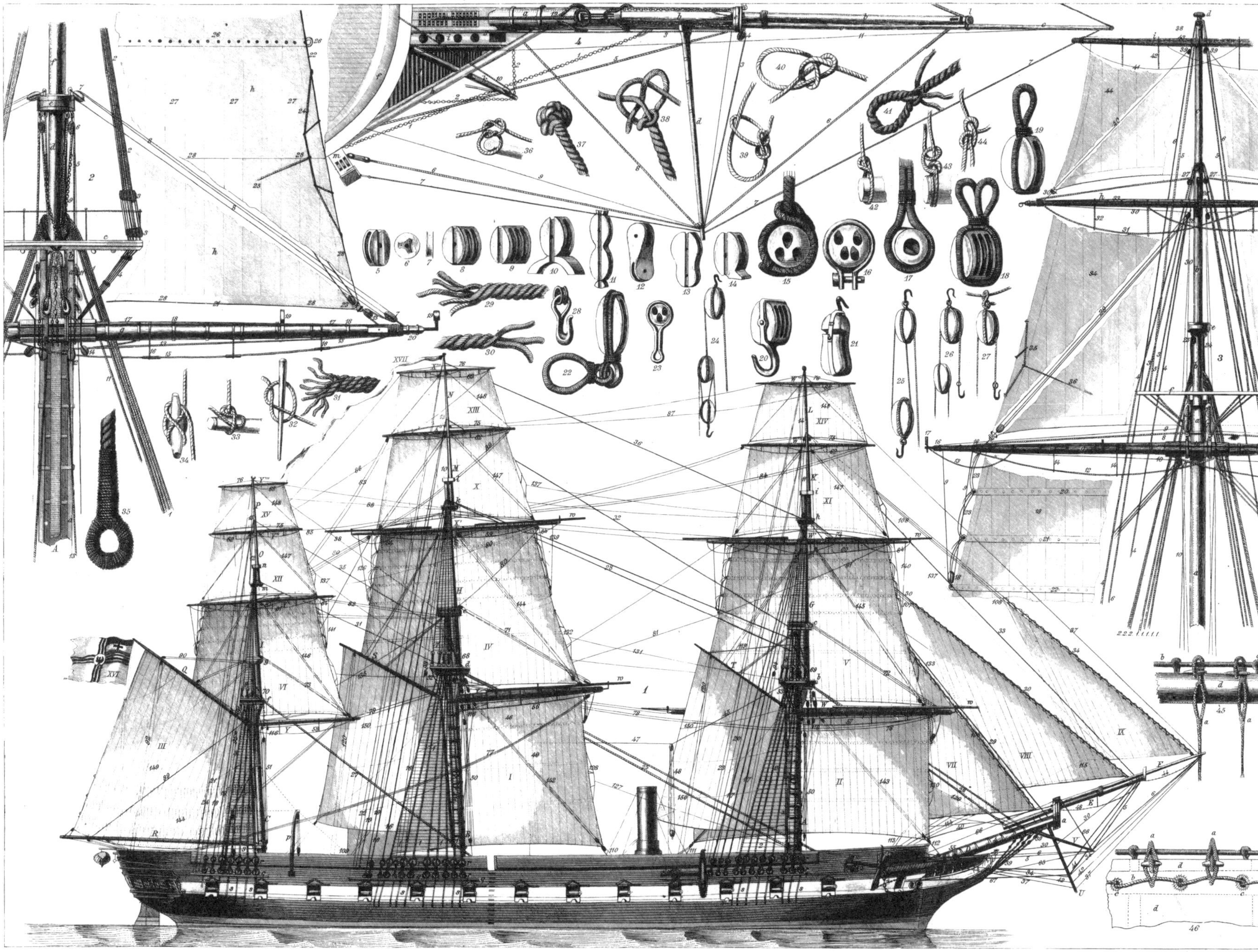

1 Segel- und Takelriss einer modernen Schraubencorvette. 2 Top des Grossmastes mit Unterraa und Takelung. 3 Mars-, Bram- und Obenbramstengen mit Raaen und Takelung. 4 Takelung des Bugspriets mit Klüverbaum.
5-46 Blöcke, geschorene Taljen, Takelhaken, verschieden geschlagene Tauenden; Knoten, Augen und verschiedene Takelgegenstände; Reffen mit Reffknebel.

SEEWESEN.

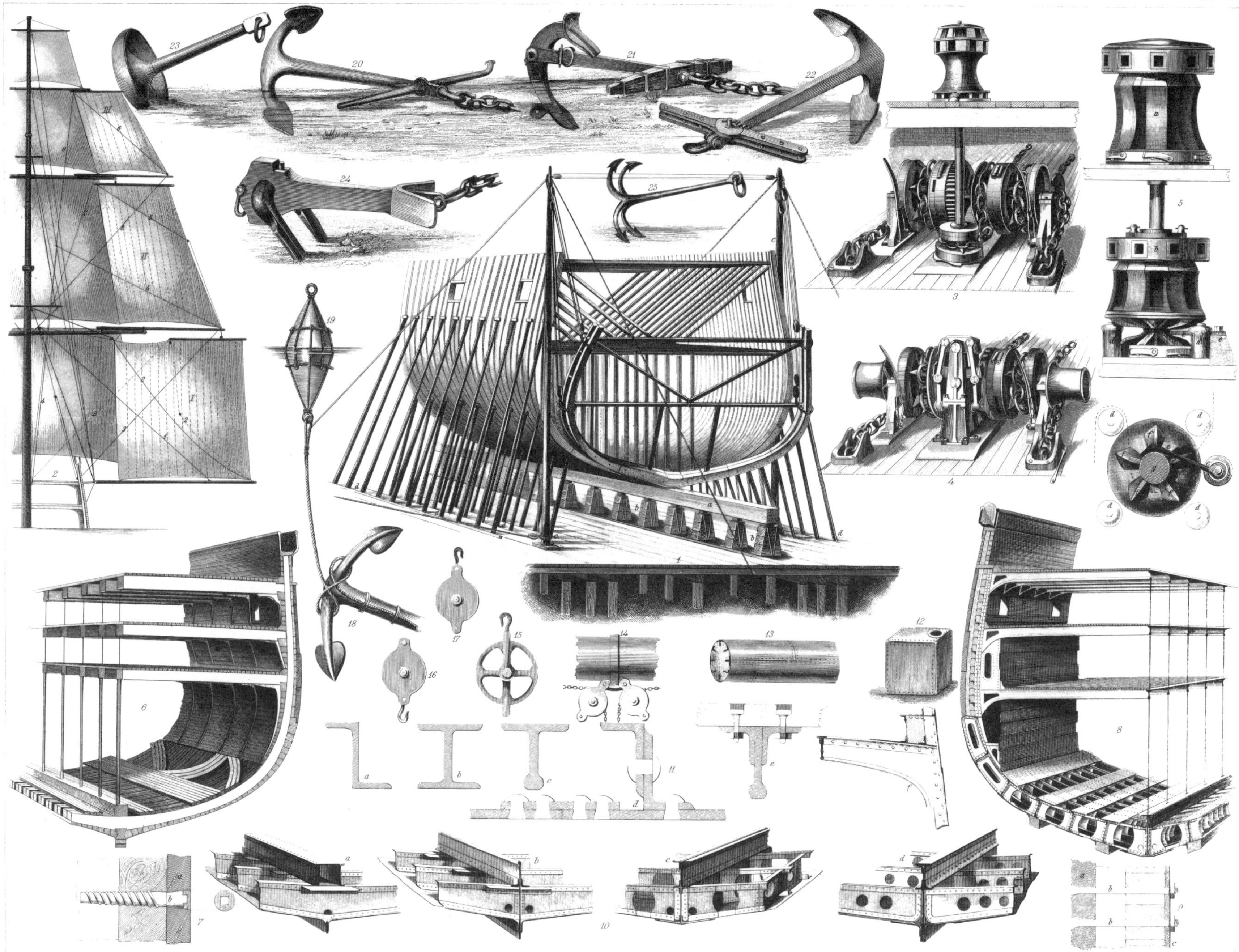

1 Spantenrichten zu einem Schiffe. 2 Ansicht der Leesegel. 3 u. 4 Patentspille von Brown u. Harfield für Kauffahrteischiffe. 5 Gangspill für Kriegsschiffe. 6 Querschnitt einer Panzerfregatte von Holz. 7 Befestigung der Panzerplatten. 8 Querschnitt der Panzerfregatte Wilhelm I. 9 Befestigung der Panzerplatten. 10 Verschiedene Verbände in Eisen für Schiffsböden. 11 Façoneisenverband der Schiffswand mit den Spanten und Deckbalken. 12 Eiserner Wassertank. 13 Stück von einer eisernen Raa. 14 Eiserne Marsschootenblöcke für Kauffahrteischiffe. 15 Wipprad. 16 u. 17 Eiserner Unter- und Oberblock. 18 u. 19 Anker mit Ankerboje. 20 Anker mit eisernem Stock. 21 Porter's Anker mit hölzernem Stock. 22 Anker mit beweglichem Stock. 23 Pilzanker. 24 Martin's Anker. 25 Der Draggen.

SEEWESEN.

Flaggenkarte der seefahrenden Nationen der Erde: 1 Norddeutscher Bund, Handelsflagge. 2 Norddeutscher Bund, Kriegsflagge. 3 Holland, Kriegs- u. Handelsfl. 4 Dänemark, Handelsfl.; 5 Kriegsfl. 6 Russland, Handelsfl.; 7 Kriegsfl. 8 Türkei, Handelsfl.; 9 Krfl. 10 Griechenland, Kriegs- u. Handelsfl. 11 Kirchenstaat, Handelsfl. 12 Italien, Kriegs- u. Handelsfl. 13 Portugal, Kriegs- u. Handelsfl. 14 Spanien, Handelsfl.; 15 Kriegsfl. 16 Frankreich, Kriegs- u. Handelsflagge. 17 England, Kriegsflagge; 18 Handelsflagge. 19 Oesterreich, Handelsfl.; 20 Kriegsfl. 21 Norwegen, Handelsfl.; 22 Kriegsfl. 23 Schweden, Handelsfl.; 24 Kriegsfl. 25 Belgien. 26 Haïti. 27 Paraguay. 28 Peru. 29 Bolivia. 30 Columbia. 31 Chile. 32 Venezuela. 33 Guatemala. 34 Neugranada. 35 Uruguay. 36 Montevideo. 37 Buenos-Ayres. 38 Brasilien. 39 Mexico. 40 Vereinigte Staaten von Amerika. 41 Tripolis. 42 Aegypten. 43 Arabien, Handelsfl.; 44 Kriegsfl. 45 Persien. 46 Siam. 47 China. 48 Japan. 49 Birma. 50 Otahaiti. 51 Sandwichinseln. 52 Marokko, Handelsfl.; 53 Kriegsfl. 54 Tunis. — 55 Kompass. 56 Sextant. 57 Logbrett. 58 Logleine. 59 Logrolle. 60 Gewöhnliches Loth. 61-63 Tiefloth. 64 Patentlog mit Schraube und Zähler. 65 Logglas. 66 Aneroid-Barometer. 67 Fernrohr. 68 Donn-Scala. 69 Sprachrohr. 70 Stundenrad. 71 Kompassrose.

SEEWESEN.

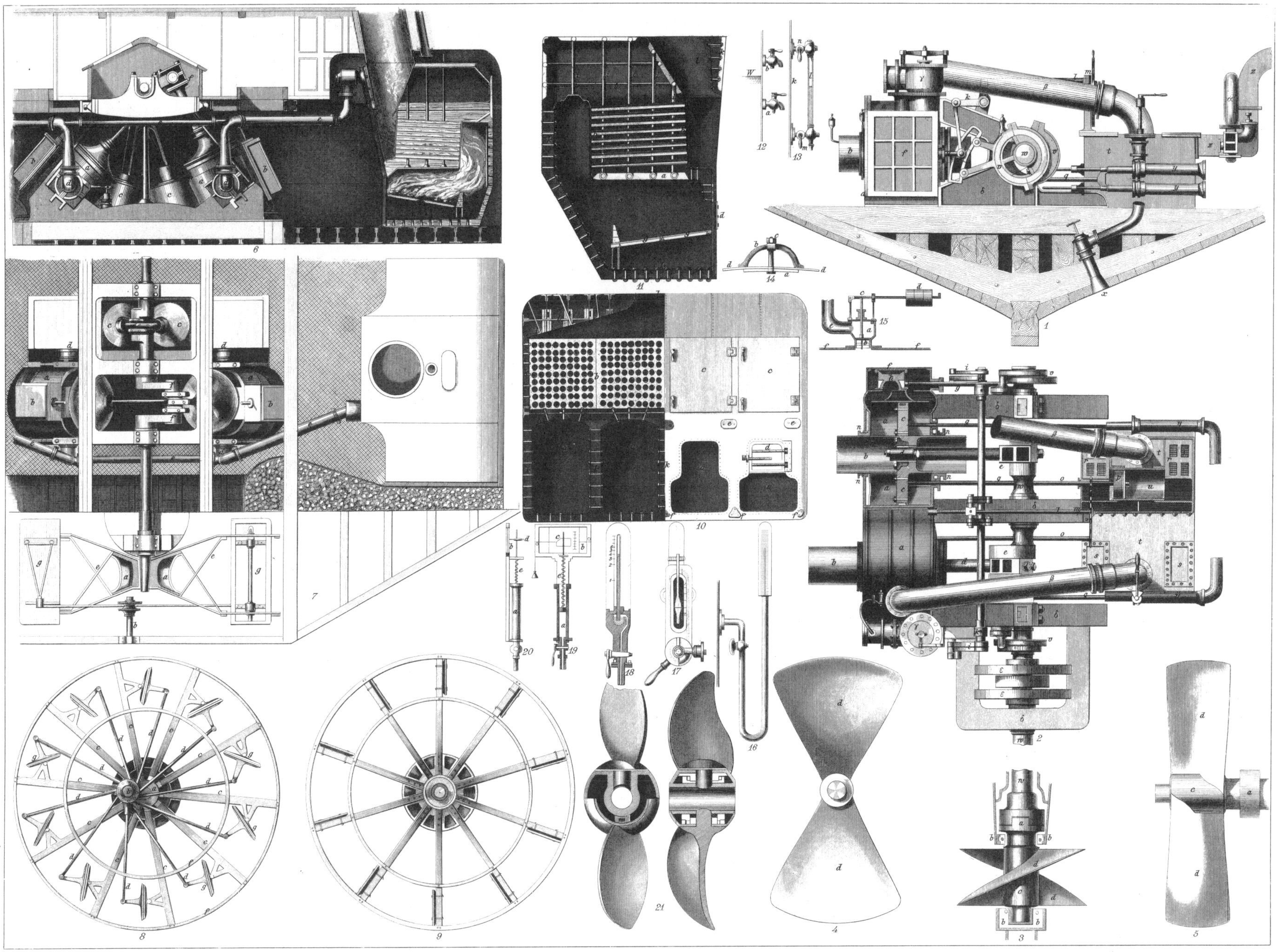

1 u. 2 Schraubenschiffsmaschine von 400 Pferdekraft. 3-5 Ansichten einer zweiflügeligen Schraube. 6 u. 7 Oscillirende Raddampfmaschine. 8 Patentschaufelrad. 9 Gewöhnliches Schaufelrad. 10 u. 11 Dampfschiffskessel. 12-15 Kesselarmatur. 16 Heber-Manometer. 17 Salino oder Salzmesser. 18 Verschlossenes Manometer. 19 u. 20 Indicator. 21 Griffith's Schraube.

1 Ablauf einer Panzerfregatte. 2 Durchschnitt eines Schiffs fertig zum Ablaufen. 3 Längenansicht eines Ablaufschlittens. 4 Maker zum Aufkeilen. 5 Keil. 6 Daumkraft. 7 Eiserne Hausschraube.

SEEWESEN.

Revue der engl. Dampferflotte bei Spithead, 1853: 1 Leopard (12 Kanonen); 2 Odin (16 K.); 3 Terrible (21 K.); 4 Highflyer (26 K.); 5 Impérieuse (60 K.); 6 Edinburgh (58 K.), 7 Ajax (58 K.); 8 Blenheim (60 K.); 9 La Hogue (110 K.); 10 Duke of Wellington (131 K.); 11 Agamemnon (91 K.). 12 Preuss. Fregatte Gefion (48 K.); 13 preuss. Corvette Amazone (12 K.). 14 Königliche Jacht Albert and Victoria. — *Scheingefecht der bei Spithead versammelten engl. Flotte, 1853:* 15 Highflyer; 16 Impérieuse; 17 Edinburgh; 18 Blenheim; 19 Duke of Wellington; 20 Agamemnon; 21 Prince Regent (91 K.); 22 königliche Jacht Albert and Victoria; 23 Queen (116 K.); 24 London (92 K.); 25 Amphion (34 K.); 26 Vulture (6 K.); 27 Baracouta (6 K.). — 28 Offizier der Wache in voller Uniform. 29 Matrose beim Hissen einer Flagge.

1 Die alte Kanone. 2 Gezogener Krupp'scher 72-Pfünder mit eiserner Laffette auf dem Oberdeck. 3 Krupp'scher 96-Pfünder, Ringgeschütz. 4 Panzerscheibe nach 13 Treffern aus dem 72-Pfünder. 5 Die alte Karonade. 6 Bedienungsmannschaft eines Geschützes in der Batterie, im Abfeuern begriffen. 7 Bootsgeschütz, auf der Landungslaffette montirt. 8 Bombe mit Zünder. 9 Traubenkartätsche. 10 Granatschuss für das Bootsgeschütz. 11 Kugel für 96-Pfünder, 12 Durchschnitt derselben. 13 Die alten Kettenkugeln. 14 Geschosstrage für 96-Pfünder. 15 Die alte Knüppelkugel. 16 Pulverkasten. 17 Granatkasten. 18 Tauladezeug. 19 Mundpfropfen. 20 Hintertheil einer Kanone mit Hammerschloss und Abzugschnur.

SEEWESEN.

1 Rettungsboot zum Wrack fahrend. 2 Abschiessen der Raketenleine über ein gestrandetes Schiff. 3 Rettung der Mannschaft im Korbe. 4 Rettungsboje neuester Construction. 5 Gummifloss „Nonpareil.“ 6 Gewöhnliche Rettungsboje. 7 Rettungsboje von Thompson. 8 Rettungsboot auf dem Transportwagen. 9 Walfischfang. 10 Apparate und Werkzeuge zum Walfischfang. 11 Heringsfang.

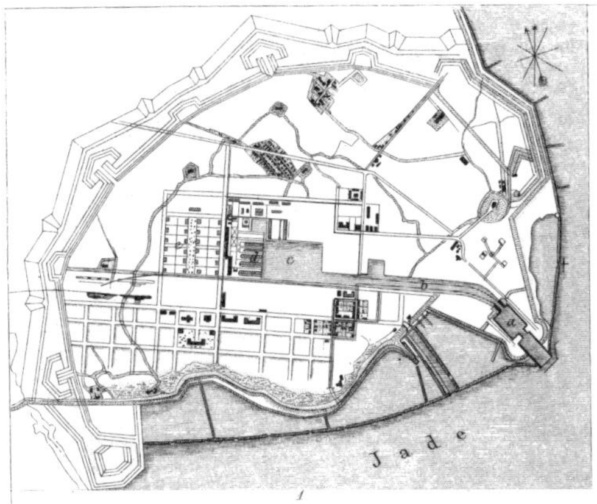

1

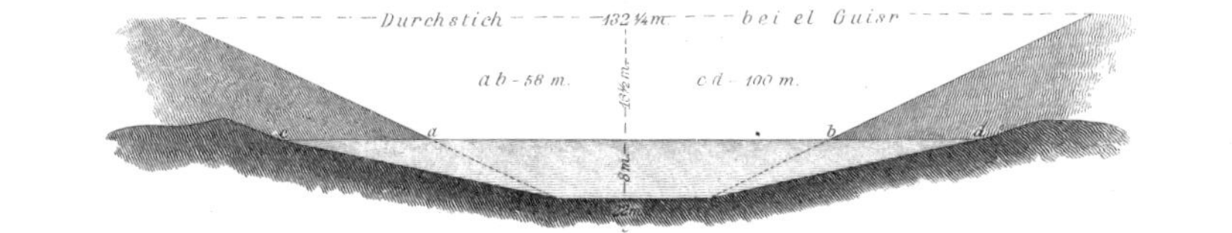

5

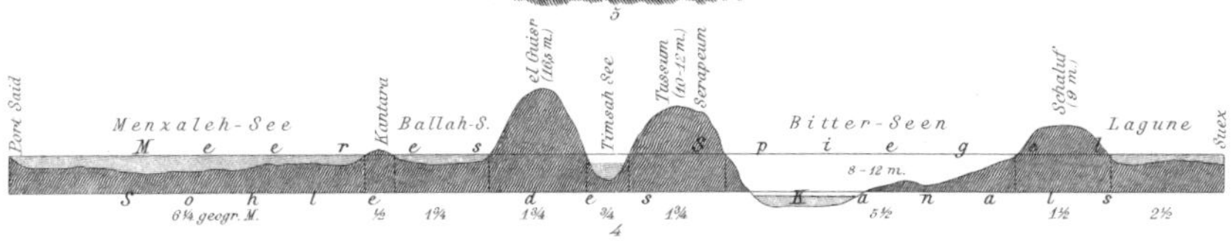

4

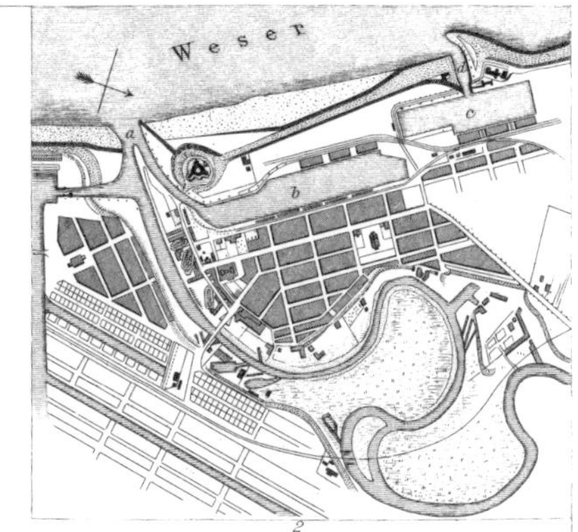

2

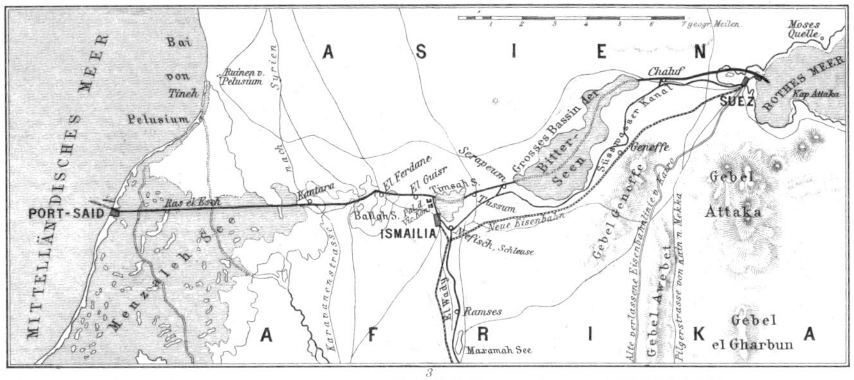

3

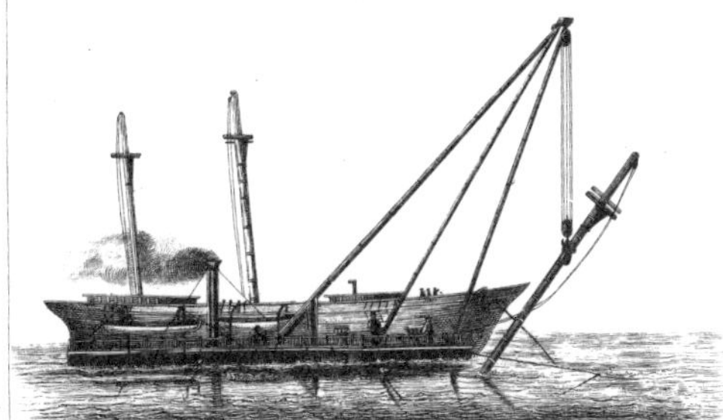

6

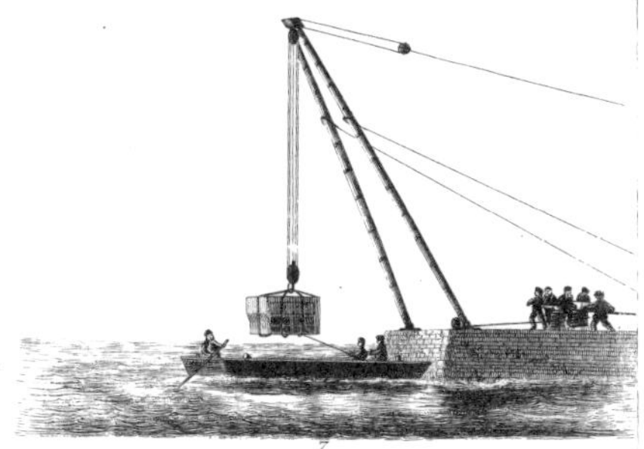

7

8

1 Plan von Wilhelmshaven. 2 Plan von Bremerhaven. 3 Suezkanal. 4 Profil der Landenge von Suez. 5 Dimensionen des Suezkanals. 6 Schwimmender eiserner Kran. 7 Stehender hölzerner Kran. 8 Hafen von Marseille.

SEEWESEN.

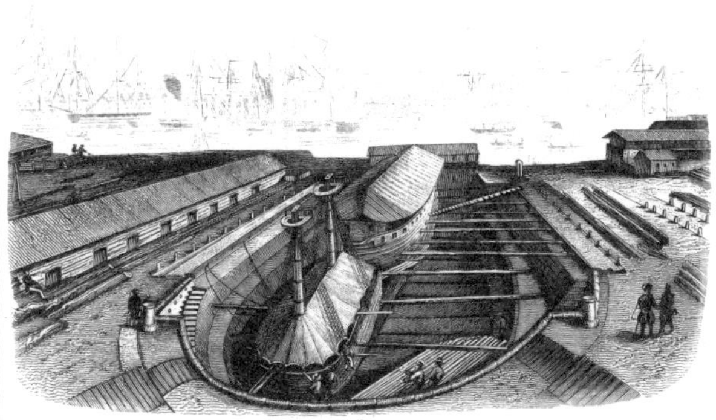

2

3

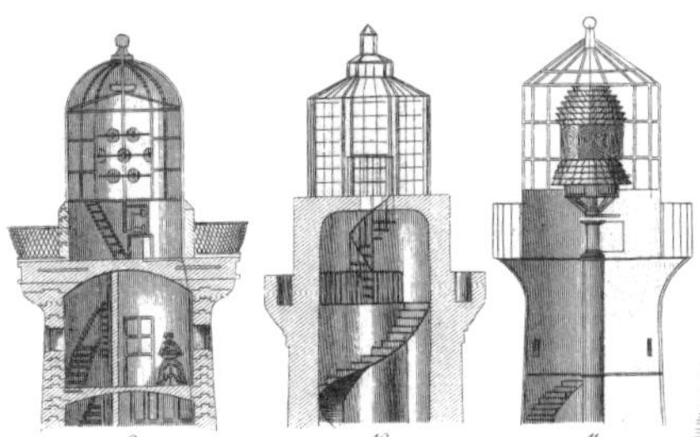

9 10 11

1

4

5 8 7 6

[1]Neues Schwimmdock von Eisen mit einem gedockten Schraubenschiff. [2]Trockendock. [3]Kielholen eines Schiffs. [4]Dockbank während der Ebbezeit. [5]Leuchtthurm. [6]Feuerschiff. [7]Lootsenboot. [8]Lootsenkutter. [9]Oberer Theil eines Leuchtthurms mit Blickfeuer; [10]derselbe mit festem Feuer; [11]derselbe mit Drehfeuer und katadioptrischem Beleuchtungsapparat.

SEEWESEN.

Taf. 22.

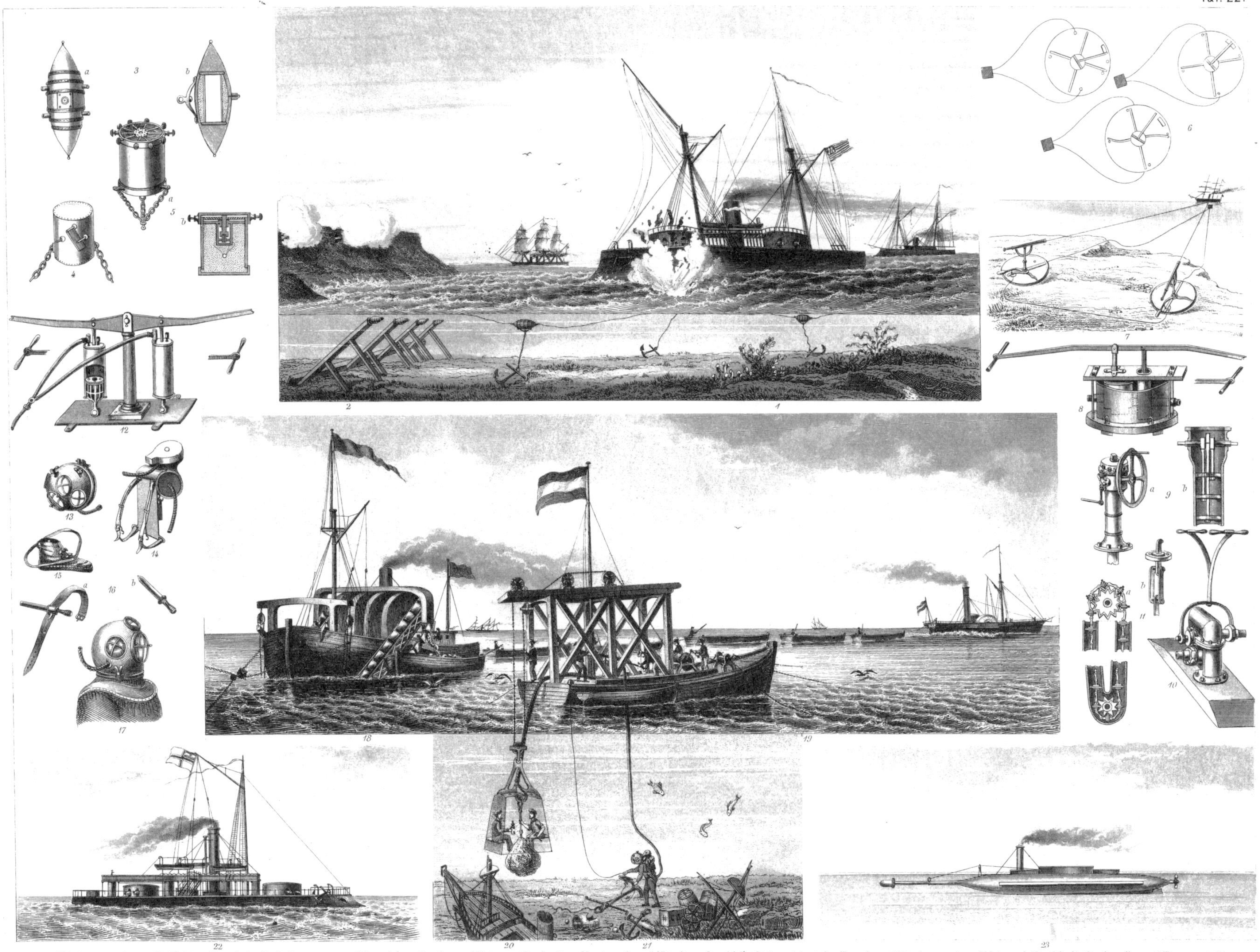

1 Monitor, von einem selbstthätigen Torpedo in die Luft gesprengt. 2 Torpedobarrikaden. 3 Raine's selbstthätiger Fasstorpedo. 4 Flügeltorpedo. 5 Selbstthätiger elektrischer Torpedo; 6 Zündapparat. 7 Visir und Zünddraht für denselben. 8 Transportable Feuerspritze. 9 Dawnton's Pumpe. 10 Pollock's doppelt wirkende Pumpe. 11 Paternoster-(Ketten-)Pumpe. 12 Luftpumpe. 13-16 Helm, Tornister, Schuh und Dolchmesser zu Denayrouse's Taucherapparat. 17 Helm für engl. Taucherapparat. 18 Dampfbagger. 19 Taucheprahm. 20 Taucherglocke. 21 Taucher mit Denayrouse's Apparat. 22 Norddeutscher Monitor Arminius. 23 Amerikan. Torpedoboot.

1

2

1u. 2 Längendurchschnitt der Corvette „Elisabeth" (Flotte des Norddeutschen Bundes.)

Deutsche (früher norddeutsche) **Marine:** [1] Contre-Admiral (Gala-Uniform). [2] Kapitän-Lieutenant (in Gala). [3] Lieutenant zur See (in Jacke). [4] Schiffsjunge. [5] Offizier im Rock. [6] Matrose im Peajacket, [7] im Arbeitsanzuge. [8] Major des Seebataillons. [9] Unterlieutenant. [10] Schiffsarzt. [11] Deckoffizier. [12] Cadet. [13] Matrose im Paradeanzug, [14] in Gefechtsausrüstung. [15] Seesoldat. [16] **Französische Marine:** [a] Admiral. [b] Capitaine (grande tenue). [c] Lieutenant (Etat-Major). [d] Enseigne (petite tenue de bord). [e] Enseigne (tenue de garde). [f] Infanterie de marine (Offizier). [g] Infanterie de marine. [h] Infanterie de marine (petite tenue). [i] Aspirant. [k] Second maitre (tenue de bord). [l] Matelot (tenue de combat). [m] Mousse. [17] **Englische Marine:** [a] Kapitän zur See (Grosse Uniform). [b] Corvetten-Kapitän. [c] Unterlieutenant. [d] Offizier im Paletot. [e] Cadet. [f] Matrosen im Peajacket. [g] Matrosen im Dienstanzuge. [h] Matrose im Arbeitsanzuge. [i] Marinesoldat. [18] **Holländische Marine:** [a] Admiral. [b] Lieutenant zur See. [c] Schipper. [d] Cadet. [e] Marine-Infanterie. [f] Matrose. [g] Schiffsjunge. [19] **Oesterreichische Marine:** [a] Viceadmiral. [b] Offizier. [c] Gemeiner der Marine-Infanterie. [d] Flotillencorps. [e] Matrosencorps.

SEEWESEN.

5

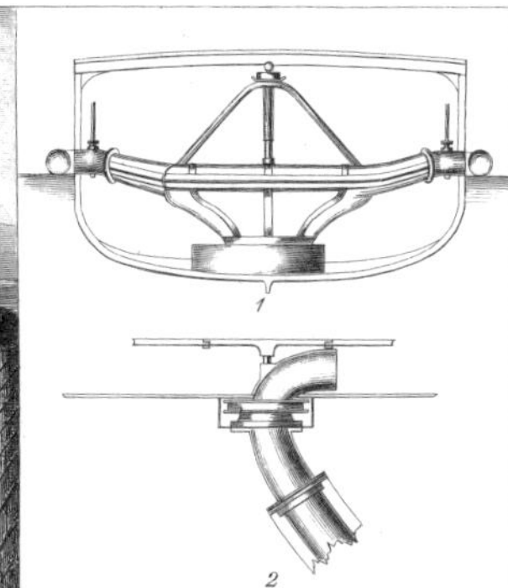

1

2

6

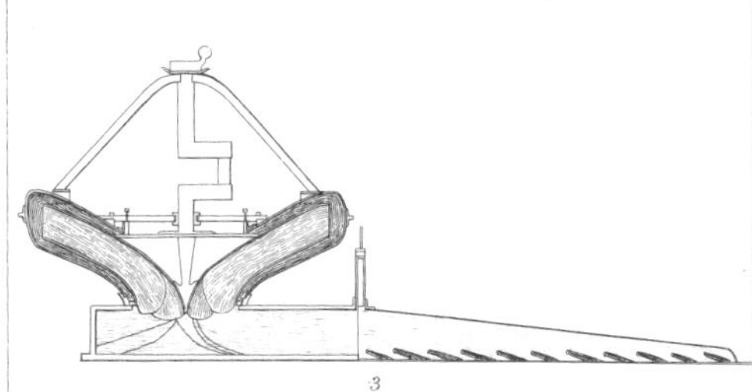

3

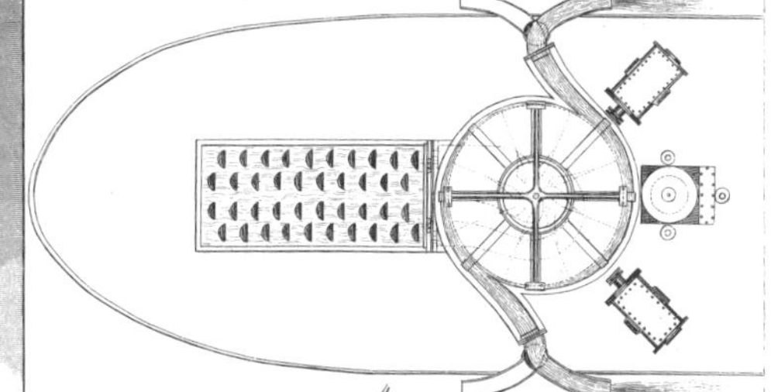

4

7 11 8 9 10

1–4 Reactionsschiff oder hydraulischer Propeller. 5 Trajectenschiff. 6 Regatta. – Seeschlacht bei Lissa (1866): 7 Affondatore; 8 Kaiser; 9 Rè d'Italia; 10 Erzherzog Maximilian; 11 Palestro.